Airborne Electronic Hardware Design Assurance：
A Practitioner's Guide to RTCA/DO–254

机载电子硬件设计保证

——RTCA/DO–254 标准实践指南

［美］ 兰德尔·富尔顿（Randall Fulton） 著
罗伊·范德摩伦（Roy Vandermolen）

牛文生 等 译

航空工业出版社

北 京

内 容 提 要

本书以机载电子硬件设计保证指南 DO-254 为线索，不仅系统地介绍了 DO-254 指南内容及适航认证的法规背景，还结合作者丰富的工程实践经验，详细说明 DO-254 指南及适航审定要求内涵，对硬件计划、设计和支持过程中应重点关注的内容进行了探讨，为读者在实际工程中如何表明 DO-254 的符合性提出了指导性方法。

本书针对民用机载电子硬件工程师进行硬件开发以及适航审定提供指导，适合从事民用航空电子硬件开发的工程技术人员和工程管理人员阅读，也可供高校相关专业的师生使用。

图书在版编目（CIP）数据

机载电子硬件设计保证：RTCA/DO-254 标准实践指南 /（美）兰德尔·富尔顿（Randall Fulton），（美）罗伊·范德摩伦（Roy Vandermolen）著；牛文生等译. -- 北京：航空工业出版社，2021.11

书名原文：Airborne Electronic Hardware Design Assurance：A Practitioner's Guide to RTCA/DO-254

ISBN 978-7-5165-2773-3

Ⅰ. ①机… Ⅱ. ①兰… ②罗… ③牛… Ⅲ. ①机载电子设备 – 硬件 – 设计标准 – 指南 Ⅳ. ①V243-62

中国版本图书馆 CIP 数据核字（2021）第 219524 号

北京市版权局著作权合同登记
图字：01-2021-1141

机载电子硬件设计保证
——RTCA/DO-254 标准实践指南

Jizai Dianzi Yingjian Sheji Baozheng
——RTCA/DO-254 Biaozhun Shijian Zhinan

航空工业出版社出版发行
（北京市朝阳区京顺路 5 号曙光大厦 C 座四层　100028）
发行部电话：010-85672666　010-85672683

三河市航远印刷有限公司印刷　　　　　全国各地新华书店经售
2021 年 11 月第 1 版　　　　　　　　　2021 年 11 月第 1 次印刷
开本：787×1092　1/16　　　　　　　字数：280 千字
印张：11　　　　　　　　　　　　　　定价：80.00 元

译 者 序

随着电子工业的不断发展，尤其是 FPGA 等可编程器件的大量使用，使得电子硬件的复杂性及设计能力大幅增长，使用传统的"穷尽测试"方法证明产品没有潜在设计缺陷变得非常困难，甚至是不可能的，以至无法充分表明产品符合飞行安全要求（即适航性）。

然而，为了满足飞机不断提高的性能和功能要求，越来越多的机载电子设备，包括影响安全的电子设备中都包含了复杂电子硬件，其在机载领域的大量使用已成为不可回避的事实。这种趋势引起了航空界尤其是民用航空界的高度重视，局方和工业界都意识到需要采取必要的手段保证复杂机载电子硬件的安全性。

为此，航空无线电技术委员会（RTCA）和欧洲民用航空电子设备组织（EUROCAE）组成联合工作组，借鉴 RTCA/DO-178 的思想，于 2000 年 4 月正式发布 RTCA/DO-254，是民航领域用于保证机载电子硬件的适航性的指导性文件。2005 年 6 月，FAA 发布 AC 20-152 认可 DO-254 对 ASIC、FPGA 以及 PLD 等复杂电子硬件（A、B、C 级）适航认证的适用性。2008 年，FAA 颁布 Order 8110.105 及 AEH Job Aid 等附加政策文档以澄清 DO-254 中含混不清的内容。DO-254 现已在民机产品研制、适航审定的实践中得到广泛的应用，成为"事实上的强制性要求"。

随着我国大飞机工程的开展，我国机载设备厂商必须研制满足适航审定标准的机载系统和设备。尽管国内厂商有多年研制机载系统和设备的丰富经验，但如何满足民机适航审定对研制过程的独特要求仍然是一个巨大的挑战。和军机相比，民机机载设备在技术指标上有相当的继承性，同时在工程过程管理上有更加严格的要求，这个挑战部分是技术的，但更多是工程过程管理方面的。

为促进我国民机研发体系的建设，发展共性技术供给能力，航空工业集团成立了中航机载系统共性技术有限公司，旨在集全行业之力研制统一的机载系统研发体系，为民机机载系统和设备研制提供基础技术支持。在工作过程中，我们认识到标准只是提出要求，贯彻标准要求则需要有工程实践经验的支持，更需要知识和经验的持续传播。为此我们组织翻译了本书，征得原作者授权公开发表，旨在推动形成国内民机企业合作共享的知识环境，助力我国民机事业发展。

本书是中航机载系统共性技术有限公司组织编写的民机机载工程研制系列丛书之一，系统介绍了 DO-254 的基本原理，特别是从工程实践的角度，对如何贯彻标准要求做出了详细的讲解，对民机机载硬件的研制有较大的参考价值，可作为民机机载系统研制工程技术人员的参考资料，也可以作为院校教材使用。

本书主要由牛文生组织翻译、校对和审定。参加本书译校的人员有：贺莹、郭强、于沛、谭伟伟、王闯、李阳。本书的出版还得到了田莉蓉、牟明等同志的大力帮助，在此表示感谢。在编译过程中，我们力求做到术语统一，语义准确。但由于水平所限，疏漏和差错之处在所难免，敬请各位读者批评和指正。

牛文生，研究员，博士，博士生导师，中航机载系统共性技术有限公司董事长、总经理，享受国务院特殊津贴，部级有突出贡献专家，航空工业集团嵌入式计算机／网络技术首席技术专家。主要从事民机机载系统适航技术、抗恶劣环境高可靠嵌入式高速计算机相关技术研究。主持及参与研究的多项课题及关键技术获得国家科学技术进步奖，在国内外多家权威专业刊物发表多篇学术著作。曾被授予"部级有突出贡献中青年专家"称号，"国防科技工业有突出贡献中青年专家"称号和航空工业集团"航空报国优秀贡献奖"等。

前 言

本书的灵感来源于笔者在华盛顿特区航空无线电技术委员会（RTCA）、美国国内及国外众多公司教授 DO-254 课程时所获得的经验。在某种程度上，本书就是 DO-254 课程的逻辑延伸，本书中的部分材料与所教授的 DO-254 课程异曲同源。

本书的大部分内容与多年来在机载电子及软件的设计、验证和批准方面从一线工程实践中汲取的经验教训和智慧有关，其中包括第一个应用 DO-254 标准的项目以及第一个将 DO-254 应用于现场可更换单元（LRU）级别的项目。毋庸置疑，DO-254 应用的最初几年是开创性的，不仅揭示了将 DO-254 这样一份内容宽泛的标准应用于一个范围狭窄的特定目标时所面临的困难，也表明了整个产业在努力理解该标准时带来的不期之痛，更不用说进一步遵守和执行这个标准。但良药苦口，痛苦是成功的良师益友，经历过此痛苦之人必已成为目前业界之翘楚。

当整个业界做出调整并最终掌握了 DO-254 标准及其精髓，即可识别该标准所要求过程实施的技术方法和最佳实践，使标准得到最有效的执行。本书记录了已识别及证实的符合 DO-254 目标的最佳实践和技术，旨在通向符合性和合格审定批准的康庄大道时尽可能直接、高效和有效。尽管本书中大多数材料是从可编程逻辑器件的角度入手（详见 FAA 咨询公告 AC 20-152），其亦可轻易扩展至 DO-254 标准预期应用的电子系统的其他部分。

即便如此，本书中介绍的概念和技术将以最基础和最根本的方式呈现，对每一章内容的深入掌握还需通过真实合格审定项目电子硬件研制的一线工程实战。符合 DO-254 标准研制的初学者们不可避免地会经历前辈所经历的困难险阻，本书的目的在于通过对本书提供材料的学习，无论是斟字酌句还是融会贯通，尽可能降低学习成本。聪明人知道失败乃成功之母，而智者会明白前车之鉴、后事之师的道理。本书汇集了全球范围内众多业界人士成功与失败的经历，可以让智者以专业团体犯下的错误为戒，以古鉴今，而这些专业团体本身也不断从自身经历、困苦、反复尝试及错误中吸取教训。通过阅读本书，读者可以了解他人的经历，汲取经验智慧而不必身临其境。

笔者满怀激情与动力编写此书，希望安全性关键电子硬件开发从业人员能够最大限度地利用这些智慧，以避免早期经历的困难重复出现，当然，终极目标也是让现代飞机更加安全可靠。

致　谢

　　谨以本书献给我们已经或即将参与培训、咨询、研发的合格审定项目的所有工程师、管理人员及员工，对所有不吝时间协助我们深化对安全关键性系统和电子产品开发设计保证的理解及应用的人们致以崇高的敬意！

　　同时也要感谢我们的伙伴、朋友和同事，感谢他们一如既往的支持！

关于作者

兰德尔·富尔顿（Randall Fulton）先生是一位拥有 36 年电气工程经验的 FAA 咨询类委任工程代表（consultant DER），主要研究方向是软件和电子硬件的开发和验证。Randall 先生在宾夕法尼亚大学获得电气工程工学硕士学位，并在波音商业飞机公司取得在可编程逻辑器件和软件领域的 FAA DER 证书。作为一名委托工程代表（DER），Randall 先生自 1997 年便拥有了可编程逻辑器件的合格审定批准权，并从事了大量的与 Part 23 和 25 相关的认证项目，涉及 FPGA、ASIC 和软件。2006—2009 年间，Randall 先生和罗伊·范德摩伦（Roy Vandermolen）先生曾一起在华盛顿航空无线电委员会教授 DO-254 从业者课程，Randall 先生也曾在俄克拉荷马州为联邦航空管理局教授航空电子硬件从业职能课程。Randall 先生在他名下的股份有限公司中担任咨询 DER。

罗伊·范德摩伦（Roy Vandermolen）是一位拥有 35 年电力电子经验（从真空电子管到可编程逻辑器件）的设计工程师，主要从事可编程逻辑器件及其电路板的设计和验证工作。Roy 先生从麻省理工学院获得了电气工程工学学位，目前是穆格公司电子飞行控制系统的主管工程师和认证经理，以及波音商业飞机公司电子硬件的杰出授权代表。Roy 先生涉猎过多种工程环境，包括科研实验室、教育机构、军队研发设备以及商业飞机飞行控制系统制造商。在穆格公司的职业生涯里，他接触了大量 A 级飞行控制系统的设计、验证和合格审定。2006—2009 年期间，Roy 先生和 Randall 先生在华盛顿为 RTCA 教授 DO-254 从业者课程。

缩 略 语 表

缩略语	英文全称	中文
AC	advisory circular	咨询通告
ACO	Aircraft Certification Office	航空器审定办公室
ADC	analog to digital converter	模数转换器
AEH	airborne electronic hardware	机载电子硬件
AR	authorized representatives	授权代表
ARINC	Aeronautical Radio Inc	美国航空无线电公司
ASIC	application specific integrated circuit	专用集成电路
ATC	amended type certificate	更改型号合格证
CCA	circuit card assemblies	电路板组件
CEH	complex electronic hardware	复杂电子硬件
CFR	Code of Federal Regulations	美国联邦法典
CHG	change	修订本
CMOS	complementary metal oxide semiconductor	互补金属氧化物半导体
COTS	commercial off-the-shelf	商用货架产品
CPLD	complex programmable logic device	复杂可编程逻辑器件
CRI	certification review items	审定评审项
CS	certification specification	审定规范
DAL	design assurance level	设计保证等级
DATDP	design assurance through design practice	贯穿设计实践的设计保证
DER	designated engineering representative	委任工程代表
EASA	European Aviation Safety Agency	欧洲航空安全局
ECMP	electronic component management plan	电子元器件管理计划
EOC	end of conversion	转换结束
EWIS	electrical wiring interconnection system	电气线路互联系统
FAA	Federal Aviation Administration	美国联邦航空管理局

续表

缩略语	英文全称	中文
FAI	first article inspection	首件检验
FAR	Federal Aviation Regulation	美国联邦航空条例
FDAL	function design assurance level	功能设计保证等级
FFPA	functional failure path analysis	功能失效路径分析
FHA	function hazard assessment	功能危害性评估
FPGA	field programmable gate array	现场可编程门阵列
FSM	finite state machine	有限状态机
FTA	fault tree analysis	故障树分析
HC1	hardware control category 1	硬件控制类 1
HC2	hardware control category 2	硬件控制类 2
HCI	hardware configuration index	硬件构型索引
HCMP	hardware configuration management plan	硬件构型管理计划
HDL	hardware description language	硬件描述语言
HDP	hardware design plan	硬件设计计划
HPA	hardware process assurance	硬件过程保证
HPAP	hardware process assurance plan	硬件过程保证计划
HRD	hardware requirement document	硬件需求文档
HVaP	hardware validation plan	硬件确认计划
HVeP	hardware verification plan	硬件验证计划
ID	identification	标识
IDAL	item design assurance level	软 / 硬件项设计保证等级
IEC	International Electrotechnical Commission	国际电工委员会
IP	intellectual property	知识产权
LRU	line replaceable unit	现场可更换单元
LVCMOS	low-voltage complementary metal oxide semiconductor	低压互补金属氧化物半导体
LVTTL	low-voltage transistor-transistor logic	低压晶体管 – 晶体管逻辑
MoC	means of compliance	符合性方法
N/C	no change	无变更
nsec	nanosecond	纳秒
NTSB	National Transportation Safety Board	美国国家运输安全委员会
PCI	peripheral component interconnect	外围元件互连

续表

缩略语	英文全称	中文
PDH	previous developed hardware	先前开发的硬件
PHAC	plan for hardware aspects of certification	硬件合格审定计划
PLD	programmable logic device	可编程逻辑器件
PR	problem report	问题报告
PSSA	preliminary system safety assessment	初步系统安全性评估
RAM	random access memory	随机存取存储器
RTCA	Radio Technical Commission for Aeronautics	航空无线电委员会
RTL	register transfer level	寄存器传输级
SAE	Society of Automotive Engineers	国际自动机工程师学会
SC	Special Committee	特别委员会
SEH	simple electronic hardware	简单电子硬件
SEU	single event upset	单粒子翻转
SOI	stage of involvement	介入阶段
SRAM	static random access memory	静态随机存取存储器
STC	supplemental type certificate	补充型号合格证
TC	type certificate	型号合格证
TIA	type inspection authorization	型号检查核准
TSO	Technical Standard Order	技术标准规定
TTL	transistor–transistor logic	晶体管－晶体管逻辑
UM	unit members	成员单位
μsec	microsecond	微秒
WG	working group	工作组

目　　录

第1章 DO-254 的介绍

航空无线电委员会（Radio Technical Commission for Aeronautics，RTCA）DO-254（在欧洲为 EUROCAE ED-80）《机载电子硬件设计保证指南》[1] 于 2000 年 4 月出版，由 RTCA 特别委员会（Special Committee，SC）SC-180 和 EUROCAE 工作组（working group,WG）WG-46 联合编制。这些行业委员会成立于 20 世纪 90 年代，历时 7 年编成 DO-254。

DO-254 不是技术手册，更不是工程细则手册。它不描述电子电路或元器件的具体特性，也不包含任何设计标准。实际上，DO-254 几乎不含任何指导电路设计的技术资料。然而，它可以让电子硬件的开发验证达到可接受的置信度，并提供过程和方法论上的指导，即保证最终的硬件功能正确且符合适航要求。尽管可能存在这样的质疑：为促进 DO-254 中设计和验证方法的使用，可能会影响设计的某些方面，但实际上并不存在因为要符合 DO-254 而必须具备或不能存在的设计特征。

DO-254 指南代表了业界对电子硬件最佳实践的共识，它能够保证开发的电子硬件适合其设计保证等级（design assurance level，DAL——DAL 经常简写为"LEVEL"）并能确保生成事实上安全可靠的产品。DO-254 中所定义的支持过程（构型管理、过程保证、确认/验证）对于控制设计引入的错误尤其有效，另一方面也能非常有效地识别不可避免引入的错误。DO-254 描述了典型电子硬件开发生命周期每一阶段的目标及相关活动。

DO-254 因何出现？伴随着电子技术的迅速发展，系统变得更加复杂并承载更多的功能，要想同时证明这些系统的安全可靠性愈加困难。对于现代飞机上使用的大多数电子系统和可编程逻辑器件（programmable logic device，PLD），我们已无法通过穷举分析证明其安全性。在缺乏这种方法时，建立必要设计保证的唯一可行方式便是在电子硬件开发过程中采用结构化、规范化的过程和方法。使用这种方式的优势在于，第一，这些过程和方法会迫使设计者们在创建设计时采用逻辑化和系统化（因而具有可重复性）的方式；第二，执行高水平的文档编制和追溯性并在设计及项目中保持透明度，表面上似乎不便，但其价值在漫长的设计生命周期中已经得到反复证明。不论喜欢与否，长期看来，DO-254 中的最佳实践是项目的最佳搭档。

DO-254 适用于执行安全关键系统功能的所有复杂电子硬件。DO-254 讨论的 PLD 是在系统和设备的开发环境下考虑的，但并非系统中唯一应该采用 DO-254 指南的地方。联邦航空管理局（Federal Aviation Administration，FAA）出版的咨询通告 AC 20-152[2] 批准 DO-254 作为一种（而非唯一）使 PLD 满足美国联邦航空条例（Federal Aviation Regulation，FAR）的可接受的方法，这本质上将 DO-254 的应用范围缩小至其原始范围的一个子集。

将 DO-254 的应用范围从系统级缩小至元件级可能存在的问题：需要针对系统中的单个元件解释和应用电子系统指南。潜在问题包括：确定生命周期数据范围；确定如何在 PLD 生命周期数据上诠释和应用 DO-254 的表 A-1；确定哪些活动和哪些方面适用于元件级，而不是系统级（如验收测试、环境测试、功能失效路径分析（functional failure path analysis，FFPA）以及对硬件实现中要素的追溯性，这些在元件级完全不适用）。同时还产生了一些边界问题：DO-254 的整体效能很大程度上取决于能否将其所有的指导在系统各层级执行，从而在各层级（现场可更换单元（line replaceable unit，LRU）、子组件、电路板卡组件（circuit card assemblies，CCA）和元件（通常是单个 PLD））创建无缝的内联和层级间的数据流及过程流。当系统的某层级被单独指定应用 DO-254，它向其他层级的流动性将被抑制，从而带来了过程和数据的不连续性。该情况下，如果应用不恰当，将很可能使大量设计保证活动无效甚至失去意义。通过巧妙诠释和裁剪可以仅在 PLD 级应用 DO-254，但实际上如果从 DO-254 构思、写作以及预期应用的视角来看，将它应用于整个系统是最合适且最有效的。

1.1 设计保证等级

DO-254 规定了机载电子系统设计保证的 5 个 DAL。这 5 个 DAL 被定义为 A 级到 E 级，A 级最严格，E 级最宽松。这 5 个 DAL 与机载系统和设备合格审定的法规材料中定义的 5 类失效条件相对应。

表 1-1 中显示了 5 种危害分类及相应的 DAL，每个 DAL 对应的设备的每飞行小时失效概率以及危害的描述。危害分类描述了系统或者设备的失效对飞机、乘客、安全裕度以及机组人员处理不利运行条件能力的影响。最严重的是灾难性的（A 级），即 A 级设备的失效将导致飞机灾难性损毁。最不严重的是无影响（E 级），表明该失效将不影响飞机运行能力，也不会增加机组人员的工作负荷。

表 1-1 设计保证等级和危害分类

失效分类	DAL	每飞行小时的失效概率	危害描述
灾难性	A	10^{-9}	妨碍持续的安全飞行和着陆
危害性的 / 严重的	B	10^{-7}	对少部分乘客造成严重或致命的伤害； 降低飞机性能或者机组人员应对不利运行条件的能力； 较高的机组人员工作负荷； 安全裕度大幅降低
重大的	C	10^{-5}	可能使乘客受伤； 降低飞机的性能或者机组人员处理不利运行条件的能力； 机组人员工作负荷增加； 安全裕度明显降低
轻微的	D	10^{-3}	对乘客可能造成不便； 降低飞机性能或者机组人员处理不利运行条件的能力； 机组人员工作负荷轻微增加； 安全裕度轻度降低
无影响	E	N/A	不影响运行能力； 不影响机组人员的工作负荷

在 DO-254 中，DAL 还确定了开发过程的目标和严苛度、开发中必须保留的工作产品类型和数量、进行开发活动时必须保持的独立性以及对设计必须执行的验证数量和类型。

DO-254 的正文（第 1~ 第 11 章）是针对 C 级电子硬件编制的。DO-254 的附录 B 包含了适用于 A 级和 B 级硬件的附加验证活动，旨在提供额外的设计保证手段，适用于所需失效概率低于 10^{-7} 的设备。C 级或者 D 级的硬件必须符合 DO-254 的第 1~ 第 11 章的要求，A 和 B 级必须符合第 1~ 第 11 章以及附录 B 的要求。

需要注意的是，半导体元件固有失效概率通常不低于 $10^{-5}\sim 10^{-6}$。换言之，半导体元器件的固有可靠性会妨碍电子硬件达到 A 级或 B 级系统所需的失效概率，因此 DO-254 中的开发指南本身不会使设计满足 A 级或 B 级可靠性要求。然而，即便硬件本身只具备近似于 C 级硬件的失效率，仍可采用国际自动机工程师学会（Society of Automotive Engineers, SAE）的 SAE ARP 4754[3] 或 SAE ARP 4754A[4] 中描述的架构缓解策略在系统级来达到所需的可靠性。

由于设计过程无法自行创建满足 A 级或 B 级系统所需失效率的硬件，因此，对于这些较高级别的系统，剩下的唯一设计保证途径便是采用 DO-254 附录 B 中的相关验证技术，以保证检测并消除每个设计错误，从而确保硬件达到潜在的最高可靠性。DO-254 的附录 B 侧重描述相关验证技术，保证设计中的每个功能得到充分的识别和测试，从而确保应用在 A 级和 B 级硬件上时，尽可能检测出和消除所有的设计错误。

1.2　DO-254 和 DO-178B

DO-178B《机载系统和设备合格审定的软件考虑》[5] 先于 DO-254 发布。DO-178B 的领先优势对电子硬件开发产生了两个相当奇怪的影响。第一，由于 DO-178B 使软件开发的时间和精力（感知上的和实际的）显著增加，设备制造商在利益驱使之下将系统功能从软件转移到硬件来实现。这样的想法无可厚非：如果设备的功能可以转移至电子硬件来实现，那它不必遵循 DO-178B 中昂贵而艰难的设计保证过程。第二，DO-178B 的术语、概念和过程在机载设计保证行业内已经非常成熟，从而严重影响 DO-254 在硬件上的应用。硬件和软件本质上的差异要求设计保证时区别对待，但这种看似简单的道理有时却因 DO-178B 纯粹惯性的影响而被忽视。

那么如何比较 DO-254 和 DO-178B[5]（或 DO-178C[6]）呢？这些差异都如此显著吗？由于这两份文件都提供了关于开发过程的指导，内容和理念必然有很多共同点。俯而观之，它们在方法和基本概念上多有相似，总结如下：

①安全性背景和基础相同；

②均依赖于过程和设计保证；

③均使用生命周期来管理开发；

④均采用包含过程保证（软件为质量保证）、构型管理和验证的支持过程；

⑤验证是基于需求的；

⑥均包含工具鉴定。

广义上看，两份文件相似度很高。然而，其在设计保证概念和开发过程的细节上存在差异，有些甚至非常显著，所以试图将 DO-178B/C 的概念应用于硬件开发并不能获得所需的设计保证。DO-254 和 DO-178B/C 的差异（以及某种程度上硬件和软件的差异）是从细节折射出来的，如表 1-2 所示。

表 1-2　DO-254 和 DO-178B/C 的差异

主题	DO-254 硬件	DO-178B/C 软件
环境测试	需要	不适用
零件磨损	需要考虑	不适用
白盒测试	测试点和仿真	可以利用模拟器和 / 或代码调试器执行
实现	硬件和元件	硬件中的机器编码
调试	器件引脚级	汇编级
健壮性测试	可选的或者基于项目开展	需要
面向对象的考虑	不适用	Ada95，C++，JAVA
符合性目标	在 4.1、5.1.1、5.2.1、5.3.1、5.4.1、5.5.1、6.1.1、6.2.1、7.1、8.1 章节中定义	附录 A 表格
适用性	LRU、CCA、PLD、任何复杂的电子硬件	仅软件
工具鉴定	元素分析工具无需工具鉴定	结构覆盖分析工具需要工具鉴定
独立性	附录 A 中较为粗略的方法	具体目标取决于软件等级
仿真	可能需要二次独立仿真；在仿真器和电路内硬件测试中很难使用相同的测试程序	在仿真器和目标硬件中便于使用同样的测试用例
覆盖分析	元素分析未规定覆盖性准则定义	为 A 级定义的修正条件 / 判定覆盖；为 B 级定义的判定覆盖；为 C 级定义的语句覆盖
验证	需求测试覆盖、A 级和 B 级的要素覆盖	高层和低层需求的测试覆盖，数据和控制耦合的结构和测试覆盖
衍生需求的定义	设计决策；父需求可能有也可能没有	术语表与 DO-254 几乎一样；用途在第 5 章——无父需求
简单	允许详尽的输入测试和简化的文档	不适用
设计方法	对于 PLD，硬件描述语言描述了 PLD 中的物理硬件如何配置；对于其他电子硬件，图形输入如原理图	描述一系列步骤的程序语言
处理	对于 PLD，硬件设计语言（HDL）并行同步实现；功能同时被实现	指令顺序执行
确认	确认衍生需求以确保它们的正确性和完整性	不在软件的考虑范围内——衍生需求必须被证明是合理的，但不用确认
应用方式	为 C 级硬件编写的，并对 A 级和 B 级采取附加措施	为 A 级软件编写，减少了对于 B~D 级软件的目标、活动和工作产品

尽管有些差异看起来微不足道，但如果允许 DO-178B/C 干扰 DO-254 在硬件中的应用，那千里之堤亦可毁于蚁穴。当采用 DO-254 时，应认真对待所有差异，避免混淆与误读。一般而言，软件的术语定义、技术和过程不应和硬件混用。

DO-254 和 DO-178B 在衍生需求定义方面的差异可能是最隐晦、最混乱、最持久的。

DO-178B 在设计保证行业长期处于主导地位，导致那些具有软件背景或已习惯 DO-178B 的人倾向于认为 DO-254 和 DO-178B 的定义相同。换言之，DO-178B 中关于衍生需求的定义是通用的，同样适用于硬件和软件。然而，虽然两份文件中的术语表都将衍生需求定义为设计过程产生的附加需求，并且可能会（甚至无法）直接追溯至更高层的需求，但 DO-178B 的第 5 章将衍生需求的定义演变成不直接追溯至更高层的需求。DO-178B 第 5 章中的定义取代了术语表定义，并且由于 DO-178B 长期的主导地位，这几乎成了衍生需求的通用定义。无论从哪个角度看，这都是不幸的。关键一点在于，DO-254 中的过程（尤其是确认过程）是与 DO-254 的定义协同工作（在后面将要详述）的，如果在 DO-254 中的过程里不加区别地使用 DO-178B 的定义，很容易发生问题。

1.3　DO-254 的概述

DO-254 中的指南涵盖多个主题，包含：

（1）硬件标准；

（2）硬件设计生命周期数据；

（3）为 A 级和 B 级电子硬件功能附加的设计保证技术；

（4）先前开发的硬件；

（5）工具评估和鉴定；

（6）商用货架产品的使用；

（7）产品服务经验；

（8）硬件安全性评估；

（9）设计保证策略，包含对 A 级和 B 级功能的考虑；

（10）计划过程；

（11）需求捕获；

（12）概要设计；

（13）详细设计；

（14）实现；

（15）生产移交；

（16）确认过程；

（17）验证过程（包含测试和评审）；

（18）构型管理；

（19）过程保证；

（20）审定联络和建议的符合性方法。

DO-254 将设备开发和符合性的几个关键方面相关联，解决了复杂的和/或高度集成的设备和/或系统存在的困难。这些方面包括：

（1）使用设计保证代替失效定量分析；

（2）使用需求来捕获由复杂电子硬件执行的飞机功能；

（3）使用评审、分析和测试等验证手段表明与 FAR 的符合性。

DO-254 包含 11 章和 4 个附录。表 1-3 列出了各章和附录，并总结了它们的主题内容。

DO-254 的各章节及其关联如图 1-1 所示。

表 1-3　DO-254 内容综述

章	标题	主题
1	引言	目的/范围、与其他文档的关联、相关文档、如何使用 DO-254、复杂度、可替代性方法、概述
2	硬件生命周期的系统层面	信息流、系统安全性评估过程、硬件安全性评估
3	硬件设计生命周期	生命周期过程、转换准则
4	计划过程	计划过程的目标和活动
5	硬件设计过程	设计过程阶段、目标和活动
6	确认和验证过程	确认过程、目标和活动；验证过程、目标和活动；确认和验证方法
7	构型管理过程	构型管理目标和活动；数据控制类别
8	过程保证	过程保证目标和活动
9	审定联络过程	符合性方法和计划；表明符合性
10	硬件设计生命周期数据	计划、标准、设计数据、确认/验证数据、验收测试准则、问题报告、构型管理记录、过程保证记录、硬件完成总结
11	附加考虑	先前开发的硬件、商用货架产品、产品服务经验、工具评估和鉴定
附录 A	基于硬件设计保证等级的硬件生命周期数据定制	生命周期数据；独立性
附录 B	关于 A 级和 B 级电子硬件的设计保证考虑	FFPA、架构缓解、产品服务经验、高级验证方法
附录 C	术语	相关术语定义
附录 D	缩略语	缩略语定义

　　DO-254 的第 1 章介绍了 DO-254 及其适用范围，定义了某些关键词如"should""may"和"hardware item"。这里值得注意的是 DO-254 未定义或使用"shall"，因为该词通常用于识别强制性的实践或需求。我们将 DO-254 理解为"指南"而不是"要求"更为合理，即便是 AC 20-152，它也没有强制要求符合 DO-254，而仅声明符合 DO-254 是遵循 FAR 可接受的但不是唯一的方法。审定行业的新手们会很快盯着这一点并反对：DO-254 仅仅是一份指南，不是要求，因为 FAA 并未要求强制遵守。这种做法的目的通常是想避开 DO-254，但事实上，除 DO-254 之外的任何合规手段实施起来可能更艰难，成本也更高，甚至让局方批准的概率很低。

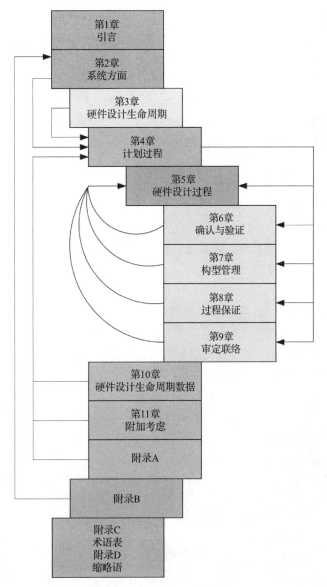

图 1-1　DO-254 的结构

　　DO-254 的第 1 章还规定，DO-254 不试图定义"固件"这一类型或者标识，但规定固件应属于硬件或软件，然后依照 DO-254 或 DO-178（如适用）处理。硬件描述语言（hardware description language，HDL）或者缺乏 PLD 设计经验的人，由于 HDL 与软件的相似性很容易将其归类为软件。然而，固件经验丰富的人会意识到，尽管 HDL 看上去与软件代码非常相似，但本质不同且 HDL 更接近硬件，所以应归属硬件。如果将 HDL 设计置于 DO-178B 或 DO-178C 的软件过程中考虑，会导致很多问题，并且在某些过程中是不现实的。

　　DO-254 中第 1 章备受关注的一个原因在于引入了"简单"和"复杂"硬件的概念，特别是在 1.6 节的最后一段，该段指出简单的硬件项不需要大量文档，可在符合 DO-254 的同时减少成本。

简单硬件的理念以及削减的成本，对设备供应商是颇具诱惑的，并被信奉为可能是避免完全遵循 DO-254 的方式。供应商们强烈希望避免 DO-254 对成本和进度的影响，以至不遗余力地将硬件归类为"简单"，即便有时并非"简单"。DO-254 没有量化定义在简单硬件上必须执行的"全面"测试和分析，这一事实提供了必要的模糊度并加剧了这种状况，鼓舞了供应商们为避开 DO-254 付出努力。然而，FAA Order 8110.105[7] 提及了"复杂"的议题并对简单硬件进行全面必要测试提供了专门的指南。基于这些原则，对并非真正简单的硬件采取简单硬件的处理方法要么不切实际，要么比将硬件视为"复杂"时所需的成本更高。实际上，可以反向使用 Order 8110.105 中简单硬件的验证指南为简单设备的定义提供指导：如果根据 Order 8110.105 中的指南对一个硬件项进行全面测试是切实可行的，则硬件可被归类为"简单"。

DO-254 的第 2 章描述了 DO-254 中的过程、活动、硬件和其他数据，以及审定过程的接口，简要讨论了硬件与系统、硬件与软件之间的信息流。第 2 章还讨论了系统安全性过程，并确定了设计保证等级及其特征，以及硬件安全性评估考虑。

DO-254 的第 3 章简要讨论了硬件设计生命周期和生命周期从一个阶段/过程到下一个阶段/过程的转换准则。该章将生命周期过程划分为计划过程、设计过程和支持过程。支持过程被进一步划分为确认、验证、构型管理、过程保证和审定联络。

DO-254 第 4 章描述了计划过程的目标和活动，这是设计生命周期过程的第一步。硬件开发中定义了 6 个硬件管理计划和 4 个标准：硬件合格审定计划（plan for hardware aspects，PHAC）、硬件设计计划（hardware design plan，HDP）、硬件确认计划（hardware validation plan，HVaP）、硬件验证计划（hardware verification plan，HVeP）、硬件构型管理计划（hardware configuration management plan，HCMP）、硬件过程保证计划（hardware process assurance plan，HPAP）、需求标准、硬件设计标准、确认和验证标准、硬件归档标准。表 1-4 详细列出了这些计划和标准，DO-254 分别描述了它们的内容以及要满足的目标。

表 1-4　硬件管理计划

计划	DO-254 中所述内容	满足的目标
硬件合格审定计划	10.1.1	4.1-1，2，3，4
硬件设计计划	10.1.2	4.1-1，2，3，4
硬件确认计划	10.1.3	4.1-1，2，3，4；6.1.1-1
硬件验证计划	10.1.4	4.1-1，2，3，4；6.2.1-1
硬件构型管理计划	10.1.5	4.1-1，2，3，4；7.1-3
硬件过程保证计划	10.1.6	4.1-1，2，4；8.1-1，2，3
需求标准	10.2.1	4.1-2
硬件设计标准	10.2.2	4.1-2
确认和验证标准	10.2.3	4.1-2
硬件归档标准	10.2.4	4.1-2；5.5.1-1；7.1-1，2

DO-254 第 5 章描述了硬件设计过程的目标和活动。该章描述了通用的设计过程，其中包含 5 个阶段：需求捕获、概要设计、详细设计、实现和生产移交。对公司而言，设计过程不必与该过程完全一样，但应满足第 5 章的所有目标。

DO-254 第 6 ~ 第 9 章描述了支持过程。第 6 章描述确认和验证过程的目标和活动，第 7 章是构型管理，第 8 章是过程保证，第 9 章是审定联络。

DO-254 第 6 章涵盖了确认和验证过程的目标和活动。确认过程是为了确保衍生需求是正确且完整的，验证过程是为了确保最终的产品满足其需求。

DO-254 第 7 章阐述了构型管理过程的目标和活动，它包括了构型项、构型标识、基线、问题报告、变更控制和归档。

DO-254 第 8 章阐述了过程保证过程的目标和活动，如过程保证评审和审计。

DO-254 第 9 章讨论了审定联络过程，包含符合性方法、计划以及如何证明符合性。

DO-254 第 10 章描述了各类硬件生命周期数据的内容，特别是硬件管理计划（PHAC、HDP、HVaP、HVeP、HCMP、HPAP）、标准、硬件设计数据、验证数据和硬件完成总结。

DO-254 第 11 章包含附加考虑或者说所有遗留问题，其内容包含先前开发的硬件（previous developed hardware，PDH）、商用货架产品（commercial off-the-shelf，COTS）、产品服务经验以及工具评估与鉴定。

DO-254 附录 A 的表格中涵盖了所有硬件生命周期数据项以及它们对应的硬件控制类别，进而定义了管理数据必须使用的构型管理过程和方法，还包含独立性的定义。

DO-254 的附录 B 包含了与验证相关的各种技术，它们必须被用于 A/B 级硬件。这些技术包含 FFPA、架构缓解、产品服务经验和高级验证技术（元素分析、特定安全分析和形式化方法）。

1.4　这对我意味着什么

在开发 DO-254 项目的公司中，存在两个共性问题：“我必须做什么才能符合 DO-254”以及“符合 DO-254 需要多少成本”。

符合性显然是更易回答的问题，答案就是采纳（并适应）DO-254 中的行业最佳实践。总结如下：

（1）建立符合 DO-254 目标的结构化设计过程。

①各阶段具有明确的进出准则；

②内部同行评审；

③在正确的时间认真做好前期工作（需求、追溯性、计划、分析、调研等）；

④尊重并遵守设计过程（无论何时都不应忽视或者绕开它）。

（2）学习书写形式完好的需求。

①强调功能需求而不是设计说明（实现）需求；

②尽早编制；

③理解衍生需求；

④掌握如何将确认和追溯性数据作为需求捕获的一部分记录。

（3）建立高完整性的确认、验证过程及方法，包括：

①对于 A 级和 B 级硬件的独立同行评审；

②数据和文档的同行评审；

③确认衍生需求的需求评审；

④掌握如何基于需求开展验证；

⑤掌握如何编制有效和优化的测试用例；

⑥掌握如何进行健壮性验证；

⑦仿真——功能仿真和布局布线后时序仿真（或静态时序分析）；

⑧元素分析——代码覆盖；

⑨硬件测试——在实际用于飞行的硬件中；

⑩获取支持验证的工具。

（4）创建构型管理的基础资料，包括：

①问题报告；

②文档 / 数据控制；

③文档 / 数据发布；

④备份 / 归档；

⑤归档介质的刷新；

⑥设备使用寿命内的数据保持；

⑦设备使用寿命内的工具和测试设备保留。

（5）建立元器件管理过程——为元器件停产 / 断档做好准备。

（6）建立过程保证角色或部门。

①执行审计和评审；

②跟踪偏离；

③转换准则审计。

（7）准备进行境外外包或外包工作的审计。

①可能需要次级供应商的管理计划；

②可能需要介入阶段（stage of involvement，SOI）；

③与构型管理和数据控制密切协调；

④与过程保证紧密协调；

⑤技术监督。

（8）与客户和 / 或主机交流，建立和解释需求。

（9）与审定机构（局方）接洽。

① FAA 和 / 或委任代表；

② SOI 审查。

（10）整理大量数据。

（11）编制大量文档和报告。

（12）转变企业文化。

①使用构型管理系统；

②使用变更控制；

③遵循流程——不允许非正规的工程活动；

④透明度；

⑤问责制。

（13）掌握元件选择的新规则。

①避免选择过于前沿的技术；

②采用更多可靠的技术、工具和方法；

③可以换新，但可能需要更多验证或证据。

该列表显然很长，但对于大多数公司来说，为了达到符合性可能需要采取一些调整。如有必要的话，改变工程文化，因为有些公司已经发现了使用 DO-254 中最佳实践的好处——这通常是遵循 DO-254 的最困难之处，但功夫不负有心人。

第二个问题在某种程度上依赖第一个问题的答案，而且难以回答，主要因为并没有好的可量化的答案。有些人试图给一个项目附加一个百分比的升级因子，如给项目的非 DO-254 成本乘以 130% 来考虑 DO-254 的符合性，但是实际上成本取决于公司与 DO-254 间的“差距”（其现有过程与 DO-254 的差距有多大）以及公司和其员工对改变方式和在学习新规则上的一致性，即他们有多愿意改变。如果一家公司的过程与 DO-254 相当符合，那么很可能因为其员工抵制 DO-254 而带来大量的附加成本。同样地，一家公司几乎没有 DO-254 基础设施，但其员工们乐意学习和使用 DO-254 中的过程，那么遵守 DO-254 只需低廉的成本。与 DO-254 相关的不适应和成本几乎是咎由自取，获得“符合 DO-254 最漫长的道路就是尝试绕过它”这一经验教训可能是昂贵且困难的过程。

为方便起见，当书中讨论的内容同等适用于 DO-178 的两个版本时，仅仅使用 DO-178 来代替 DO-178B 和 DO-178C。若有必要引用早期版本时，将使用 DO-178B。同样，当讨论的内容同等适用于 ARP 4754 的两个版本，使用 ARP 4754 替代 SAE ARP 4754 和 SAE ARP 4754A。

参考文献 ①

1. RTCA DO-254, *Design Assurance Guidance for Airborne Electronic Hardware*, RTCA Inc., Washington, D.C., 2000.This document is also known as EUROCAE ED-80.

2. Advisory Circular Number 20-152, RTCA, INC., DOCUMENT RTCA/DO-254, DESIGN ASSURANCE GUIDANCE FOR AIRBORNE ELECTRONIC HARDWARE, Federal Aviation Administration, June 2005.

3. SAE ARP4754, *Certification Considerations for Highly-Integrated or Complex Aircraft Systems*, Warrendale, PA: SAE, 1996.

4. SAE ARP4754A, *Guidelines for Development of Civil Aircraft and Systems*, Warrendale, PA: SAE, 2010.

5. RTCA DO-178B, *Software Considerations in Airborne Systems and Equipment Certification*, RTCA Inc., Washington, D.C., 1992.This document is also known as EUROCAE ED-12B.

6. RTCA DO-178C, *Software Considerations in Airborne Systems and Equipment Certifica-

① 本书参考文献格式与原版书中一致。

tion，RTCA Inc.，Washington，D.C.，2011.This document is also known as EUROCAE ED-12C.

7．Order 8110.105 CHG 1，*Simple and Complex Electronic Hardware Approval Guidance*，Federal Aviation Administration，dated September 23，2009.

更多信息

1．The Federal Aviation Administration Web page：www.faa.gov

2．The RTCA Web page：www.rtca.org

3．The SAE Web page：www.sae.org

4．EASA Web page：www.easa.europa.eu

5．FAA Regulatory and Guidance Library（RGL）Web page：rgl.faa.gov

6．CAST Position Papers Web page：www.faa.gov/aircraft/air_cert/design_approvals/air_software/cast/cast_papers/

第2章 法规背景

《美国联邦法典》（Code of Federal Regulations，CFR）[1]是由联邦政府各部门和机构在联邦公报上出版的条例编纂而成的法典。按联邦法规监管的领域，CFR 被分为 50 集。这 50 集包含每年更新的一卷或多卷内容。每集又被分为多章，并且每章通常带有发行机构的名称。章被进一步划分为涵盖特定监管领域的部。较大的部会被细分为分部；部然后又被分为节。

CFR 14 涵盖航空和航天的法规。第 14 集分为 5 卷，共有 6 章内容，卷、章和部的组成如表 2-1 所示。

表 2-1　美国联邦法典第 14 集

集	卷	章	部	监管部门
第 14 集 航空航天	1	Ⅰ	1~59	美国运输部联邦航空管理局
	2		60~109	
	3		110~199	
	4	Ⅱ	200~399	美国运输部秘书办公室
		Ⅲ	400~1199	美国运输部联邦航空管理局商业太空运输办公室
	5	Ⅴ	1200~1299	国家航空航天局
		Ⅵ	1300~1399	航空运输系统稳定机构

第 14 集的第 1 章有 3 个分章，定义了第 1~59 部的内容，分章部分描述如下：

（1）分章 A- 定义

Part 1　定义和缩略词

Part 3　总体要求

（2）分章 B- 程序性规章

Part 11　通用规章制定程序

Part 13　调查和执法程序

Part 14　1980 年《司法公正平享法案》的章程执行

Part 15　《联邦侵权赔偿法》的行政声明

Part 16　联邦政府协助机场执法程序的实践规则

Part 17　抗议与合同纠纷程序

（3）分章 C- 飞机

Part 21　产品和零部件的认证程序

Part 23　适航标准：正常、实用、特技和通勤类飞机

Part 25　适航标准：运输类飞机

Part 26　对于运输类飞机的持续适航和安全性改进

Part 27　适航标准：正常类旋翼机

Part 29 适航标准：运输类旋翼机

Part 31 适航标准：载人自由气球

Part 33 适航标准：飞机发动机

Part 34 适航标准：涡轮发动机驱动类飞机的燃料通气和废气排放要求

Part 35 适航标准：螺旋桨

Part 36 噪声标准：飞机型号和适航取证

Part 39 适航指令

Part 43 维护、定期检修、重建和变更

Part 45 识别和注册标记

Part 47 飞机注册号（注册号由两部分组成：国籍标志和登记号。中国民用航空器的国籍标志为 B）

Part 49 登记所有权和担保文件记录

Part 50–59【预留】

图 2–1 展示了 CFR 的架构，第 14 集是航空航天，第 21、23、25、27、29、33 部是关于零部件、飞机和发动机，1301 条款规定了功能和安装的要求，1309 条款规定了设备、系统和安装的要求。

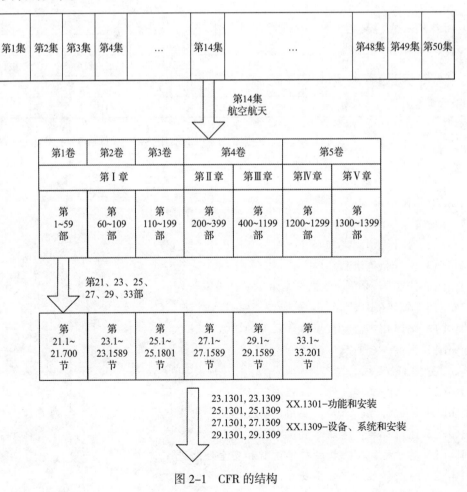

图 2–1 CFR 的结构

对特定法规的引用由集、部、分章和分部构成。在第 25 部运输类飞机部分，关于设备和系统的规章引用如下：

① 14 CFR 25.1301[2]；

② 14 CFR 25.1309[3]。

《联邦航空条例》（FAR）用修订案来确定法规最新变更的日期和标识。一般而言，新飞机的取证项目或现有飞机变更项目需使用适合于该项目法规的最新修订案。某些情况下，如飞机的衍生型号或者对现有型号飞机的变更等项目可以使用原始批准或审定基础上的法规和其修订案。

下面描述 FAR 25.1301 和 25.1309 的基本内容，虽然关于这条 FAR 规章还有其他版本和修正案，但此处的重点是阐明 FAR 内容的基本意图。国外的审定机构如欧洲航空安全局（European Aviation Safety Agency，EASA）使用一套审定规范（certification specification，CS），该规范的编号方式、内容以及意图大体上与 FAR 相同。

14 CFR 25.1301 的内容概述：

功能和安装

a. 每一项已安装设备必须——

（1）具有与其预期功能相匹配的类型和设计；

（2）具有标识、功能或操作限制标签，或者这些元素之间组合的标签；

（3）按照该设备规定的限制进行安装；

（4）安装后功能正常。

b. EWIS 必须满足 H 分部的要求。

术语 EWIS 指的是飞机系统之间布线及连接的电气线路互联系统（electrical wiring interconnection system，EWIS）。

14 CFR 25.1309 的内容概述：

设备、系统和安装

a. 设备、系统和安装的设计，必须确保在任何可预见的运行条件下都能执行预期的功能。

b. 飞机系统和相关的元件，无论是单独的功能还是与其他系统关联的功能，都必须设计为——

（1）任何可能妨碍飞机持续安全飞行和着陆的失效情况都是极不可能发生的；

（2）任何其他可能降低飞机性能或机组人员处理不利运行状况能力的失效情况是不可能发生的。

c. 必须提供告警信息，以提醒机组人员注意不安全的系统操作情况，并使他们能采取适当的纠正措施。系统、控制装置和相关的监控以及告警装置的设计必须使得机组人员可能造成额外危险的操作错误最小化。

d. 必须通过分析，必要时可通过合理的地面飞行或者仿真测试，来证明符合本节段落 b 的要求。这种分析必须考虑：

（1）可能的失效模式，包括错误功能和源自外部的破坏。

（2）多重失效和未检测到失效的概率。

（3）考虑飞行阶段和运行状况对飞机和乘客产生的影响。

（4）机组人员警告提示，所需的纠正措施以及故障诊断能力。

　　e. 为了证明电气系统和设备设计及安装符合本节中段落 a 和 b 的要求，必须考虑最严酷的环境条件。规章中规定具备的或要求使用的发电、配电和用电设备，在可预期的环境条件下能否连续安全使用，可由环境试验、设计分析或参考其他飞机已有的类似使用经验来表明，但适航当局认可的技术标准规定（Technical Standard Order, TSO）中含有的环境试验程序的设备除外。

　　f. EWIS 必须按照 25.1709 节的要求进行评估。

　　修正案 25-123，有效至 12/10/07。

　　工程或飞机项目的审定基础可以视情况采用 14 CFR 21.17（初始认证）[4] 和 14 CFR 21.101（型号证书的更改）[5] 中规定的适用的适航要求、专用条件、等效安全要求，14 CFR 21.21（b）（2）[6] 的要求以及适用于待认证产品的豁免。审定基础详细说明了证书申请时适用的法规及其修订版本。运输类飞机型号合格证（Part 25）的申请有效期为 5 年。其他型号合格证的申请有效期一般为 3 年，除非申请者在申请时表明其产品的设计、开发和测试需要更长时间且获得了 FAA 的批准。

　　申请人向 FAA 申请型号合格证（type certificate, TC）、补充型号合格证（supplemental type certificate, STC）或者更改型号合格证（amended type certificate, ATC）。TC 是对新型号飞机的认证，STC 是对于现有飞机变更的认证。ATC 表示 FAA 批准对飞机的原始设计进行修改，同时也批准了修改对原始设计的影响。

2.1　符合性方法

　　FAA 发布的咨询通告（advisory circular, AC）提供了符合审定基础的可接受方法，进而符合相关法规条例（FAR）。AC 中包含的资料被称为 FAR 的符合性方法（means of compliance, MoC）。AC 由其相关的法规条例所标识。例如，AC 25.1309[7] 解释了一种符合 14 CFR 25.1309 的方法。AC 中还可能包含对法规条例和其他指导性材料、最佳实践或者对航空业有用信息的解释。AC 还可以为遵守 FAR 及要求提供指南、方法、流程和实践。

　　最常用的 FAR 符合性方法是：

（1）工程评估

①符合性声明；

②设计评审；

③计算 / 分析；

④安全性评估。

（2）试验

①实验室试验；

②飞机地面试验；

③飞行试验；

④仿真。

（3）检验

①符合性检查；

②设计检查。

（4）设备鉴定

证明适航符合性的工程评估包含符合性声明、设计评审、计算/分析和安全性评估。符合性声明是对设计符合性的正式声明，而且可能包括通过类比方法的符合性。设计评审是基于对数据、描述或图样的评审来证明符合性。计算/分析是通过工程分析、计算或报告来证明符合性。安全性评估通过安全性分析（如概率分析）证明符合性。

证明符合性的测试包括实验室测试、飞机地面测试、飞机飞行测试和飞机功能仿真。实验室测试通过在实验室开展测试以证明符合性；地面测试通过在地面开展飞行测试以证明符合性；飞行测试是通过开展飞机飞行测试来证明符合性；仿真则通过飞行或者计算机模型仿真，或使用代表性模型来证明符合性。

证明符合性的检验包含一致性检验和设计检验。一致性检验是根据批准和发布的图样对设备进行检查以证明符合性，设计检验是通过对安装在飞机上的设计进行检查来证明符合性。

设备鉴定是通过环境鉴定试验（如 RTCA/DO-160^8）来证明符合性。

符合性方法允许申请人对法规"表明符合性"。申请人表明符合性后，监管机构或委任人员随后可以形成符合性裁定。

许多用来证明符合性的方法不太适合或不适用于机载电子硬件，特别是电路板卡或如现场可编程门阵列（field programmable gate Array，FPGA）、专用集成电路（application specific integrated circuit，ASIC）以及复杂可编程逻辑器件（complex programming logic device，CPLD）等设备。DO-254 旨在为申请人和开发人员提供合适的方法和技术，以证明对 FAR 的符合性。

图 2-2 显示了 FAR 中与系统、设备和电子零部件有关的咨询通告。

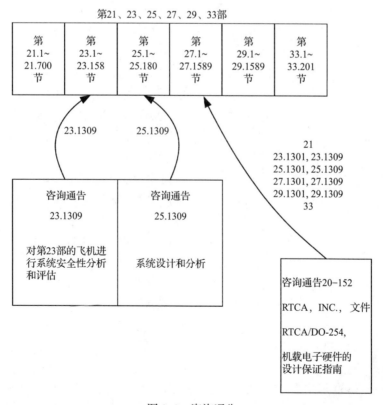

图 2-2　咨询通告

AC 25.1309 包含一些基于失效安全系统设计原则的几个目标。当考虑系统及其运行时，失效目标须包含：

（1）在任何一次飞行中，任何单个要素、组件或连接的单点失效；

（2）任何要素、组件或者连接的单点失效不应妨碍安全飞行和着陆；

（3）灾难性的失效必须极不可能发生；

（4）应进行共因分析确保单点失效不会对冗余系统中多个通道产生不利影响。这些单点失效不会对一个以上执行同等飞机功能的系统产生不利影响。

AC 25.1309 还包含了评估失效及其影响的技术，这些评估由定性或定量的分析来支撑。功能危害性评估（function hazard assessment，FHA）是一种定性评估，用于识别和分类失效。FHA 用于早期设计阶段，被用来评估各种系统架构和设计的适用性。如后文所述，FHA 也用来确定与功能及电子硬件相关的 DAL。在 ARP 4754A 中，飞机层的功能有对应的功能设计保证等级（function design assurance level，FDAL），软件和 / 或机载电子硬件有对应的软 / 硬件项设计保证等级（item design assurance level，IDAL）。可靠性或者故障树分析（fault tree analysis，FTA）是对失效的定量评估，以表明其概率是相称的，即与它们的严重程度成反比。

根据 AC 25.1309，灾难性危害必须被证明是极不可能发生的。灾难性危害分析应包括定性和定量评估。归类为重大危害的失效必须被证明是不可能发生的。重大危害分析包括定性评估，有时还有定量评估。

咨询通告将极不可能发生失效的概率定义在 10^{-9} 或以下，将不可能发生失效的概率定义为小于 10^{-5} 但大于 10^{-9}，可能发生失效的概率定义在 10^{-5} 以上。

之后在这些危害分类中增加了危险 / 严重。归类为危险 / 严重的失效分析应该包含定性 / 定量的评估。该类失效情况的概率低于 10^{-5} 但是高于 10^{-7}。

随着系统或元件复杂度提升，对系统或元件失效执行定性和定量评估变得越来越困难。系统和设备的 FAR 及相关的咨询通告是在机电系统复杂度较低的时期产生的。随着复杂度增加，业界认识到需要提供一种符合 FAR 的方法来应对增加的复杂度。

ARP 4754 编写于 1996 年，被用于处理高度集成的电子系统，尤其是那些在软件里实现关键功能的电子系统。ARP 4754 解决了系统级的研制保证问题，使得系统能够满足审定基础，检测并消除错误。研制保证过程使用计划性和系统性的行动以及定量和定性评估结合的开发方法论，确保系统是失效安全的且任何失效都能满足其发生概率。

1996 年版的 ARP 4754 在系统开发的软件方面参考了 RTCA/DO-178B，在系统开发的复杂电子硬件方面参考了 RTCA/DO-254 的草拟本，DO-254 的正式版在 2000 年 4 月出版。FAA 在 2005 年 6 月为复杂定制微编码元件发布了 AC 20-152[9]，将 DO-254 定义为复杂电子硬件符合 FAR 的一种方法。如其所述，"遵循 RTCA/DO-254 中的指南和程序，可以确保硬件在其设计环境中执行预期功能，以及确保满足适用的适航要求。"注意，该语句包含在 FAR 和咨询通告中：

（1）FAR 25.1301 规定设备必须正常运行，FAR 25.1309 规定设备必须执行其预期功能。

AC 20-152 声明，如果使用了 DO-254，可确保复杂电子硬件将会执行其预期功能。

（2）FAR 25.1309 规定设备必须在所有可预期的操作条件下能够执行其预期功能。

AC 20-152 声明，如果使用了 DO-254，可确保复杂电子硬件在其设计环境中执行预期功能。

（3）AC 25.1309 规定，对于灾难性的和危险／严重的失效条件，应该采用定性和定量分析。AC 还给出了各类失效条件对应的概率。AC 25.1309 是 FAR 25.1309 的一种符合性方法。

AC 20-152 声明，如果使用了 DO-254，可确保满足适用的适航需求。

2005 年 6 月发布的 AC 20-152 是关于 RTCA/DO-254，其中 RTCA/DO-254 是针对 CFR 的第 21、23、25、27、29 和 33 部制订的机载电子硬件的设计保证指南。DO-254 可以用于证明下述项目对 FAR 的符合性。

（1）产品和零部件；

（2）正常、实用、特技和通勤类飞机；

（3）运输类飞机；

（4）正常类旋翼机；

（5）运输类旋翼机；

（6）飞机发动机。

2.2　指南材料

DO-254 解释了如何遵守审定要求和航空规章，AC 20-152 认可了 DO-254 指导硬件项设计保证等级为 A、B 和 C 级复杂定制微编码元件的开发。AC 20-152 涵盖的元件类型包括 ASIC、PLD、FPGA 和类似元件。

DO-254 适用于现场可更换单元（LRU）、电路卡或者电路板、可编程逻辑器件（包含 CPLD、ASIC 和 FPGA）以及 COTS 元器件。虽然 DO-254 涉猎广泛，但 AC 20-152 将其范围局限于复杂定制微编码元件。DO-254 代表了业界对机载电子硬件设计保证的共识，还纳入了航空和电子行业中设计保证的最佳实践。

DO-254 中涵盖了多类主题：

（1）硬件标准；

（2）硬件设计生命周期数据；

（3）对于 IDAL 的 A 和 B 级功能的附加设计保证技术；

（4）先前开发硬件；

（5）工具评估和鉴定；

（6）COTS 元器件的使用；

（7）产品服务经验；

（8）硬件安全性评估；

（9）设计保证策略，包括考虑 IDAL 为 A 级和 B 级电子硬件功能的设计保证；

（10）计划过程；

（11）需求捕获；

（12）概要设计；

（13）实现；

（14）生产转移；

（15）确认过程；

（16）验证过程，包括测试和评审；

（17）构型管理；

（18）过程保证；

（19）审定联络和建议的符合性方法。

图 2-3 描绘了从 CFR 到 DO-254 的路径。

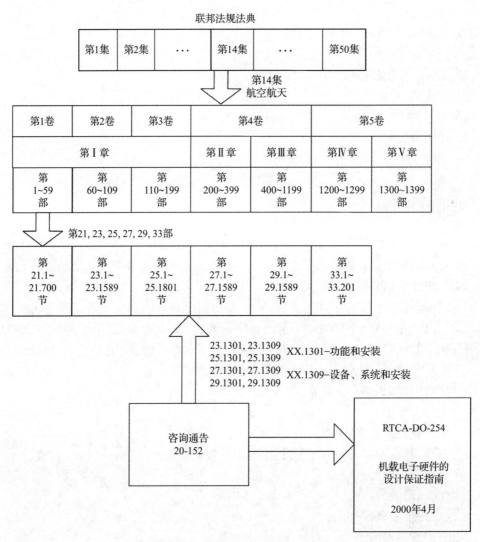

图 2-3　DO-254 与 CFR 的关系

2.3　问题纪要

FAA 使用问题纪要（Issue Papers）提供了完成型号认证和型号确认过程一些必要步骤的结构化方法。型号认证包括型号认证项目、修改的型号认证项目、型号设计变更项目、补充型号认证项目和修订的补充型号认证项目。问题纪要提供了一种方法，用于描述和跟踪在项目期间发生的重大技术决议、法规和管理问题的解决方案。问题纪要过程可在申请者、外国民航当局（如适用）和 FAA 之间针对重大问题建立正式沟通。

对于型号认证项目，问题纪要可作为申请人之间保证统一认证方法的有用工具。问题纪要还可以为未来的型号认证项目和法规变更的发展提供有价值的参考。通过描述重大的或开创性的技术决策和所采用的合理性说明，问题纪要可以成为重要的参考。

问题纪要过程被记录在 FAA Order 8110.112[10] 中，标题为"使用问题纪要的标准化程序和制定等效安全备忘录"。FAA 在其官网上维护着一份适用于国际确认和国内认证项目的运输机问题清单。

该清单将主题"简单和复杂电子硬件的保证"列入认证项目。描述指出，大多数飞机程序和包含电子硬件元件的机载系统的改装项目可能需要该符合性方法的问题纪要。

当前的 FAA 认证项目使用问题纪要来涵盖与机载电子硬件相关的话题。这些问题纪要的内容归申请者所有。国外审定机构也采用类似的方法，例如，EASA 使用的审定评审项（certification review items，CRI）采用相似的过程。

2.4　指令

FAA 使用指令文件（Order）向 FAA 飞机审定机构的管理者和员工提供信息，包括委任工程代表（designated engineering representative，DER）和 14 CFR 提及的合格审定过程的相关组织。Order 8110.105 被称为《简单和复杂电子硬件批准指南》，适用于 PLD。

Order 8110.105 对 RTCA/DO-254 进行了补充并为批准简单和复杂微编码定制元件提供指南。其中所涉及的话题及相关段落如下：

（1）审查和 FAA 介入

第 2 章：如何审查简单电子硬件（simple electronic hardware，SEH）和复杂电子硬件（complex electronic hardware，CEH）

第 3 章：FAA 应在硬件项目中的介入程度

（2）SEH 和 CEH 的主题

4-2 章：可更改的元件

4-3 章：合格审定计划

4-4 章：确认过程

4-5 章：构型管理

4-6 章：评估和鉴定工具

4-7 章：使用 RTCA/DO-254 批准传统系统中的硬件更改

4-8 章：认可未采用 RTCA/DO-254 的技术标准规定（TSO）批准对 RTCA/DO-254 的符合性

4-9 章：商用货架产品 IP 核

（3）SEH 的主题

5-2 章：验证过程

5-3 章：追溯性

（4）CEH 的主题

6-2 章：验证过程

6-3 章：追溯性

Order 8110.105 的第 2 章描述了作为审定联络过程一部分的评审。评审的执行方式分为在申请人或者供应商机构进行的现场审查和桌面审查。审定机构介入阶段（SOI）的 4 类审查如下所述：

SOI #1——硬件计划审查；

SOI #2——硬件设计审查；

SOI #3——硬件确认和验证审查；

SOI #4——最终审查。

SOI #1 在大部分计划和标准已完成且经过评审后执行。SOI #2 通常在完成至少 50% 的硬件设计数据（需求、设计和实现）且已被评审后执行。SOI #3 通常在完成至少 50% 的硬件确认和验证数据且被评审后进行的。SOI #4 通常发生在最终的硬件已制造且验证完成、硬件符合性评审完成且申请人已经为正式的系统批准做好了准备之后。

FAA 在项目中介入的深度和程度包括何时何地执行 SOI 检查取决于硬件 DAL 和基于相关准则的评分。A 级和 B 级的硬件需要高或中等程度的 FAA 介入，C 级硬件需要中等或低程度的 FAA 介入，D 级硬件需要低程度的 FAA 介入。根据相关准则评估，评估得分从 0~207。低于 80 分，对 A 级和 B 级硬件 FAA 介入程度高，对 C 级硬件 FAA 介入程度中等，对 D 级硬件 FAA 介入程度低；得分介于 80 和 130，对 A 级硬件 FAA 介入程度高，对 B 级和 C 级硬件 FAA 介入程度中等，对 D 级硬件 FAA 介入程度低；得分大于 130，对 A 级和 B 级硬件 FAA 介入程度中等，对 C 和 D 级硬件 FAA 介入程度低。FAA 介入可能是来自航空器审定办公室（ACO）FAA 工程师的直接参与，也可能是为项目指定和委派的 DER 直接参与。符合局方要求的组织可以使用授权代表（authorized representative，AR）或成员单位（unit members，UM）作为指定的机构来执行监督和检查。

SOI 审查使用机载电子硬件评审工作指导（Job Aid）文件[11]作为评审中的参考工具。虽然 Job Aid 文件本意并非被当成检查单使用，但它在审查中往往被用作正式的检查单。不管如何，申请者和开发人员应该熟悉 Job Aid 所需要的内容。Job Aid 问题可以构成项目审查表的基础，也可以用于在正式的 FAA 审查之前进行的内部预审查。

Job Aid 在第 2 部分描述了硬件审查之前、期间和之后要执行的一系列任务，第 3 部分给出了审查期间要考虑的活动和问题列表，第 4 部分给出了对 DO-254 目标的研究和观察的方法。

参考文献

1. Code of Federal Regulations, United States Government Printing Office, electronic version available at: http://www.ecfr.gov

2. Code of Federal Regulations, Title 14: Aeronautics and Space, PART 25—AIRWORTHINESS STANDARDS: TRANSPORT CATEGORY AIRPLANES, Subpart F—Equipment, 25.1301 Function and installation.

3. Code of Federal Regulations, Title 14: Aeronautics and Space, Part 25—

AIRWORTHINESS STANDARDS: TRANSPORT CATEGORY AIRPLANES, Subpart F— Equipment, 25.1309 Equipment, systems, and installations.

4. Code of Federal Regulations, Title 14: Aeronautics and Space, PART 21—CERTIFICATION PROCEDURES FOR PRODUCTS AND PARTS, Subpart B—Type Certificates, 21.17 Designation of applicable regulations.

5. Code of Federal Regulations, Title 14: Aeronautics and Space, PART 21—CERTIFICATION PROCEDURES FOR PRODUCTS AND PARTS, Subpart D—Changes to Type Certificates, 21.101 Designation of applicable regulations.

6. Code of Federal Regulations, Title 14: Aeronautics and Space, PART 21—CERTIFICATION PROCEDURES FOR PRODUCTS AND PARTS, Subpart B—Type Certificates, 21.21 Issue of type certificate: normal, utility, acrobatic, commuter, and transport category aircraft; manned free balloons; special classes of aircraft; aircraft engines; propellers.

7. Advisory Circular, AC 25.1309-1A—System Design and Analysis, Federal Aviation Administration, June 1988.

8. RTCA DO-160F, ENVIRONMENTAL CONDITIONS AND TEST PROCEDURES FOR AIRBORNE EQUIPMENT, RTCA Inc., Washington, D.C., 2000.

9. Advisory Circular Number 20-152, RTCA, INC., DOCUMENT RTCA/DO-254, DESIGN ASSURANCE GUIDANCE FOR AIRBORNE ELECTRONIC HARDW ARE, Federal Aviation Administration, June 2005, p.1.

10. Order 8110.112, Standardized Procedures for Usage of Issue Papers and Development of Equivalent Levels of Safety Memorandums, Federal Aviation Administration, June 2010.

11. Conducting Airborne Electronic Hardware Reviews Job Aid, Aircraft Certification Service, Federal Aviation Administration, February 2008.

第3章 计   划

DO-254 的研制活动是在 ARP 4754 的场景中进行的，机载电子硬件的合格审定从属于该硬件所在系统的研制范畴。类似地，系统的开发活动是在飞机的合格审定程序、飞机的改装或升级或者涉及技术标准规定（Technical Standard Order，TSO）批准的场景中开展的。

图 3-1 展示了飞机内的系统以及系统内的机载电子硬件。

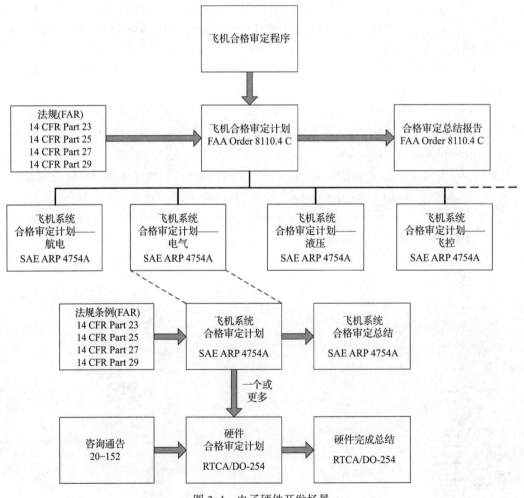

图 3-1 电子硬件开发场景

系统和安全性过程在 DO-254 计划过程之前启动或同时启动。硬件计划过程里考虑到的系统过程输出包含：

（1）系统描述；

（2）硬件描述。

硬件计划过程须考虑的安全性过程输出包含：

（1）来自 FHA 的顶层危害，它们是设计保证等级的驱动因素；

（2）初步系统安全性评估（preliminary system safety assessment，PSSA），它确立了飞机的功能设计保证等级以及软/硬件项设计保证等级；

（3）FFPA，它确立了硬件参与的失效以及与该失效相关的危害分类。

图 3-2 展示了系统和安全性（ARP 4754）过程与电子硬件（DO-254）过程的关联。DO-254 中对图 3-2 的正式测试阶段未做强制要求。

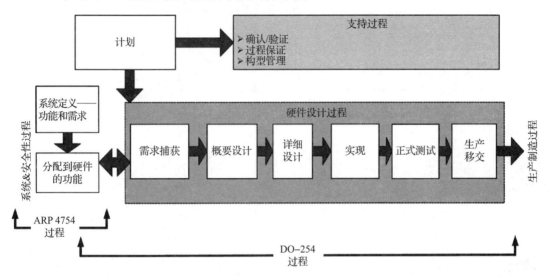

图 3-2　ARP 4754 和 DO-254 过程

飞机或者 TSO 取证须确定项目的审定基础。审定基础是适用的 FAR 及其相关的修订案和项目相关的 FAA 问题纪要。审定基础通常在系统合格审定计划里定义。机载电子硬件将与使用到该硬件的设备具有相同的审定基础。与国外审定机构合作实施的合格审定计划可能产生附加的问题纪要，以满足其他国家的需求。飞机、系统和安全性过程的输出成为制定项目 PHAC 的输入。飞机和系统过程的输出与 PHAC 的输入关系如图 3-3 所示。

项目计划阶段的开始是定义设计理念、收集完成设计所需的过程和工具、确立完成任务所需的资源和组织、评估客户相关需求、评估项目相关方面（包含审定基础）等。

计划阶段考虑了从概念到开发到生产的整个硬件研发过程。计划阶段还考虑设计完成后的生产，以处理零部件的停产断档问题。计划阶段应总揽整个项目，以确保准确描述开发阶段中所需的所有过程、方法和工具。

计划阶段可能包含权衡研究或设计权衡，以评估特定的设计或实现技术是否可行。策划 FPGA 的设计时，如果拟使用的元件已经在其他项目中应用而且使用相同的设计和验证工具，这相比从头开始（使用 FPGA 的多个 IP 核，将设计转换为 ASIC 用于生产、使用全新的验证工具和技术），所需的筹划和准备要少得多。

需要执行计划的项目有：包含整个开发生命周期的项目（如新飞机的新设备）、对现有设计进行变更的项目。

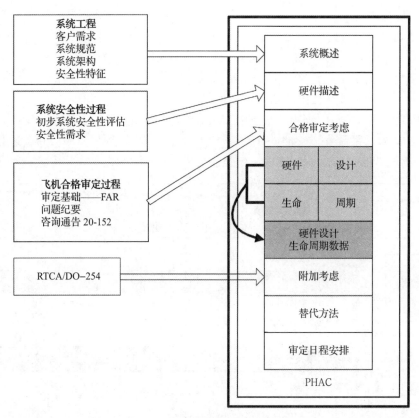

图 3-3 硬件合格审定计划的输入

公司可使用以下方法制定硬件管理计划和标准。

第一种方法是创建一系列通用的硬件管理计划和硬件标准。这些计划和标准描述了机载电子硬件（airborne electronic hardware，AEH）或 PLD 开发中一致遵循的过程和规程。计划和标准说明了对不同 DAL 所需的活动以及需要产生的数据。为每个项目创建的 PHAC 描述了与项目相关的系统、硬件、生命周期数据、进度安排、设计与验证工具。除此之外，PHAC 中还要描述其他项目特有的内容。此外，PHAC 将考虑与项目相关的 FAA 问题纪要和国外审定机构适用的议题。

第二种方法是由组织创建与每个项目相关的硬件管理计划和标准。对于每个项目，需要创建或更新计划和标准，同样每个项目也须编写 PHAC。PHAC 描述了项目相关的系统、硬件、生命周期数据、进度安排、设计和验证工具。除此之外，PHAC 中还要描述其他项目特有的内容。此外，PHAC 将考虑与项目相关的 FAA 问题纪要和国外审定机构适用的议题。

第三种方法是由组织创建与技术相关的硬件管理计划和标准。例如，开发 FPGA 和开发 ASIC 要求的生命周期不一样，为其制订不同的硬件管理计划和标准。之后为每个项目创建特定的 PHAC。PHAC 描述了项目相关的系统、硬件、生命周期数据、进度安排、设计和验证工具。除此之外，PHAC 中还要描述项目特有的其他内容。此外，PHAC 将考虑与项目相关的 FAA 问题纪要和国外审定机构适用的议题。

第四种方法是由组织创建与开发方法相关的硬件管理计划和标准。该情况下，计划将侧重特定的不同开发方法的独特需求，例如，新产品开发、对以前开发硬件的修改、对以前开发硬件的复用等。与其他方法一样，PHAC 将与特定项目相关，并描述对于每种开发方法都是独一无二的系统、硬件、生命周期数据、进度安排、过程和工具以及来自国外审定机构的项目相关问题纪要和议题。

计划过程需要考虑参与机载电子硬件开发的团体、组织，甚至公司。使用公司某机构内资深 DO–254 团队的工具、过程、流程和人员，与计划将生命周期和活动分布到不同的团队、不同的公司和位于不同国家的团队或外包一些生命周期活动有很大不同。计划可能需要考虑传递到外部公司的数据的产权保护，甚至是传递到国外的数据的出口控制。外包可能需要一个次级供应商管理计划，如 FAA Order 8110.49.1[1] 第 13–3 节 "供应商监管计划和程序" 中所述。

计划阶段从项目的全局角度出发，考虑生命周期、活动、计划、标准、规程和因此产生的文件和数据以及最终的硬件产品。图 3–4 中体现了这种观点。

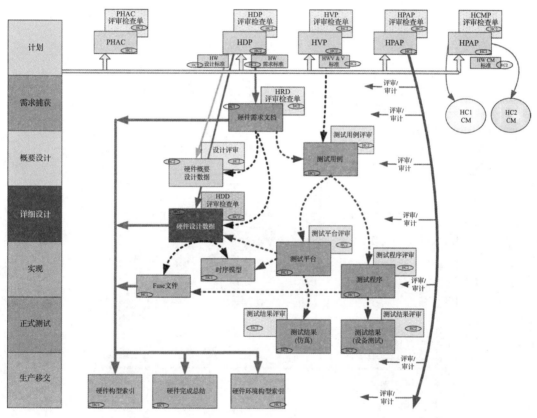

图 3–4　DO–254 生命周期和数据

DO–254 的计划过程产生了项目的计划、标准和规程。PHAC 是计划过程的核心输出，因为它启动了与审定机构的审定联络活动，并且调用了项目的计划和标准。图 3–5 体现了 PHAC 的核心地位。

对于 DO–254，计划的编写应确保每个计划在其自身内部保持一致且所有计划间应保持一致。内部一致性意味着计划中使用的术语在整个文档中的使用方式、含义、拼写均相同。内部一致性还意味着对章节和图表引用准确。计划间的一致性意味着每个计划中包含的术语的使用方式、含义和拼写均相同。设计计划、确认计划、验证计划、过程保证计划和构型管理计划之间的转换准则应保持一致。每个生命周期阶段的输出应作为下一个生命

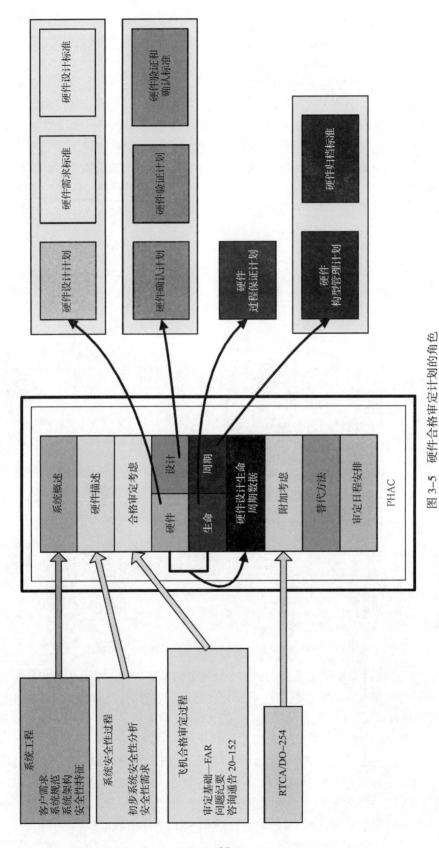

图 3-5 硬件合格审定计划的角色

周期阶段的输入。设计过程活动的输出应作为验证和确认过程的输入，设计过程活动的输出应与确认、验证、过程保证和构型管理活动的输入相同。计划文件在开始编写时可以按照硬件控制类 2（hardware control category 2，HC2）进行控制。PHAC 在发布后按照硬件控制类 1（hardware control category 1，HC1）控制。A 级和 B 级项目的 HCMP 是 HC1 控制，C级和 D 级项目的 HCMP 是 HC2 控制。所有其他硬件管理计划和标准都可以是 HC2 控制。在某些情况下，将计划和标准作为 HC1 数据进行控制可能是有好处的，能确保计划或标准的变更得到审查、批准、发布，并传递给受影响方。

DO-254 允许对硬件生命周期数据进行合并。只要提供了所需的基本内容，项目就可以将计划和 / 或标准融合起来。请注意，在 PHAC 中嵌入标准或者其他计划，会让所嵌入的数据按 HC1 控制。由于 PHAC 是提交文件，将其他计划或标准与 PHAC 结合也意味着需要将组合文件提交 FAA。

在计划阶段制订的计划和对应的 DO-254 章节如下：

硬件合格审定计划　DO-254 第 10.1.1 节

硬件设计计划　　　DO-254 第 10.1.2 节

硬件确认计划　　　DO-254 第 10.1.3 节

硬件验证计划　　　DO-254 第 10.1.4 节

硬件构型管理计划　DO-254 第 10.1.5 节

硬件过程保证计划　DO-254 第 10.1.6 节

在计划过程中编写的标准以及对应的 DO-254 章节如下：

需求标准　　　　　DO-254 第 10.2.1 节

硬件设计标准　　　DO-254 第 10.2.2 节

确认和验证标准　　DO-254 第 10.2.3 节

硬件归档标准　　　DO-254 第 10.2.4 节

另一个需要在计划阶段确定的文档是电子元器件管理计划（electronic component management plan，ECMP）。ECMP 定义了 COTS 元器件在硬件设计过程中的使用和管理，通常需要与公司的采购或零部件采购部门协调。ECMP 中应说明：

（1）设计过程元器件选用准则；

（2）制造商的变更通知如何处理；

（3）制造商的勘误表如何分发给设计者；

（4）元器件在需要时如何鉴定（在设备层）；

（5）采购方面的考虑，如一次性买断；

（6）元器件的停产断档管理。

编制 ECMP 可参考国际电工委员会（international electrotechnical commission，IEC）的技术规范 IEC TS-62239《航空电子过程管理——电子元器件管理计划准备》[2]。该技术规范全方位描述了电子元器件的过程管理，为编写 ECMP 提供了非常有价值的参考。需要注意的是，未编程的 FPGA 器件应依照 ECMP 管理。

表 3-1 中的示例总结了计划阶段、转换准则、输入、输出和构型控制。其中还列出了在计划阶段产生文档的工具。在 PHAC 中创建了工具鉴定与评估章节，列出每个阶段使用的工具，提供了对工具进行审查的便利方法。表 3-1 仅供参考，实际项目中的需要可能不一样。

表 3-1 计划阶段

阶段	入口准则	活动	设计工具	输出	构型管理存储	出口准则
计划	审定基础已定义；问题纪要已定义；FFPA 已准备好；PSSA 已准备好；FHA 已完成；系统说明可用；同行评审意见可用；书写问题报告以更新计划或标准	准备或更新硬件管理计划	Word；Excel；Visio；PowerPoint	PHAC；HDP；HVVP（验证和确认）；HPAP；HCMP	PHAC 和 HCMP；HC1 控制；HDP、HWP、HPAP；HC2 控制	硬件管理计划已发布
		准备或更新硬件标准	Word；Excel；Visio；PowerPoint	硬件需求标准；硬件设计标准；验证标准；归档标准	硬件标准；HC2 控制	硬件标准已发布

3.1 硬件合格审定计划

PHAC 应该涵盖 DO-254 的第 10.1.1 节中所述的内容。请注意，PHAC 的受众是委任工程代表（DER）或者委任机构、授权代表（AR）或者单位成员（UM）。PHAC 的受众还包括 FAA 飞机合格审定机构的员工，如飞机合格审定办公室（aircraft certification office，ACO）的工程师。PHAC 的编者应认真考虑文档的受众和读者。换言之，编写 PHAC 是为了回答读者评估文档时使用的要求、问题和准则。由于 PHAC 是需要提交局方的文档，编制 PHAC 应保持足够的专业性，前后保持一致且排版正确。由资深技术文档撰写人对 PHAC 进行评审，有助于确保文档的专业性。形式上，PHAC 应采用将来时态策划后续的硬件开发。

PHAC 是提交 FAA 的文件——提交 FAA 时应该是经批准或建议批准的状态。如果项目有 DER/AR/UM，他们将拥有对 PHAC 建议批准或批准的权限。如果 FAA 保留对 PHAC 的批准权限，则 PHAC 将以建议批准的状态提交，FAA 对最终文件进行批准并同意批准建议。如果 DER/AR/UM 具有批准权限且 FAA 不保留符合性审查的权利，则 PHAC 可由委任人员批准。

PHAC 描述了如何解释 DO-254 并将其应用于给定项目的机载电子硬件的批准。PHAC 是 DO-254 的一个实例，包括项目具体的细节。由于 PHAC 代表了与 FAA 就机载电子硬件认证达成的协议，因此 PHAC 必须在项目进程中尽早撰写、经认可批准并提交给 FAA。确保 FAA 同意 PHAC 的批准建议或 FAA 批准 PHAC，这将是一个重大的里程碑。一旦获得批准，项目将按照 PHAC 而非 DO-254 开展。

PHAC 的开头通常是系统概述，为读者建立语境，以帮助他们评估和理解系统功能和安全性。系统概述包括系统的架构和功能、失效状况和对适用的系统级文档的引用。系统概述还说明了系统功能如何分配给软硬件。

深入到下一级，PHAC 描述了 PHAC 涵盖的每个硬件项。每个硬件项的描述应包括器件类型和工艺，如闪存、反熔丝或静态随机存取存储器（static random access memory，SRAM）器件。应列出器件类型制造商的名称和零件编号，并包括器件的功能列表，如内部随机存取存储器（random access memory，RAM）、器件结构中的硬件特性（乘法器、处理器核等）和总体器件尺寸或门数量。PHAC 还应包括使用新颖或特殊技术的说明，安全性方面的考虑，如失效 – 安全、非相似、分区和冗余。注意，尽管带有分立元件的电路容易被划分为不同的设计保证等级和物理分区，但不要试图对所使用的 PLD 内部进行物理或功能分区说明。因为即便器件布局或资源分配可以选择，PLD 也会使用公共路由资源和时钟，以及公共电源、参考地和物理包。

PHAC 的合格审定考虑章节应说明项目的审定基础。审定基础是适用的 FAR 及其相应的修正案。对于 25 部项目，通常是 14 CFR 的第 25.1301 条和第 25.1309 条。PHAC 可直接使用 FAR 的修正案，也可以参考系统合格审定计划，该计划定义了所有适用的 FAR 的修正案。如果该项目有来自国外审定机构的问题纪要或类似的款项，这个章节可以解释对每个问题纪要的符合性方法。该章节还应解释建议的方法对于 FAR 的符合性。根据 FAA 的 AC 20–152，符合性方法应为 DO–254。

PHAC 中的合格审定考虑章节应对 DAL 和 FFPA 进行概要说明，其中 FFPA 可显示失效是由哪些电路和 / 或元件导致的。既然失效被归类为危害，每个与失效相关的 DAL 是已知的。对于 PLD，DAL 由与设备相关的最严重危害决定。DO–254 应用在 LRU 上，可确定各电路的功能失效和 DAL。通过适当的分区和隔离，电子硬件（非 PLD）可能拥有多个 DAL。一种有效方法便是列出 FHA 中对于硬件而言的顶层事件。然后，描述功能失效路径以及每一条功能失效路径中的器件或电子硬件。一旦危害、失效和硬件相关联，即声明了 DAL。如果由于架构的原因允许降低 DAL，则应从冗余 / 非相似 / 控制 – 监控等方面阐述，说明由此产生的 DAL 的合理性。

合格审定考虑章节还包括提交 FAA 的项目文件清单、委任人员及其请求的权限，以及项目中使用的介入阶段（SOI）审计列表。

PHAC 中硬件设计生命周期章节包括开发方法和开发流程的概述，还应描述将要应用的规程和标准。设计生命周期通常用阶段描述，每一个阶段有转换准则，由入口和 / 或出口准则构成。转换准则描述了需要完成的活动以及显示与已完成活动相关的工作产品或证据。每个生命周期阶段还应列出其活动中使用的工具。该章节旨在概述设计生命周期应引用的具体计划和标准。表 3–1 展示了汇集和描述生命周期阶段的入口准则、出口准则、活动、工具、输出和构型控制的简要方法。参考与生命周期阶段或特定活动相关的 DO–254 目标也有帮助，这对审阅并批准 PHAC 的审定机构也大有裨益。

PHAC 的硬件设计生命周期数据章节解释项目如何提供 DO–254 表 A–1 中描述的数据。建议在 PHAC 中以附表形式表明 DO–254 表 A–1 中的生命周期数据和项目相关生命周期数据之间的映射关系。当文档合并时，可以在 PHAC 表里列写多次。表 3–2 是 FPGA 生命周期数据的映射示例。文件标识符应使用项目专用名称。当在系统级中使用 DO–254 时，数据表述应该与 DO–254 类似。换言之，在系统级采用顶层图而不是用 PLD 等效文件替换。

PHAC 的附加考虑章节内容包括对先前开发硬件的描述、COTS 元器件的使用、产品服务经验以及对硬件生命周期中使用的开发和验证工具的评估。在 FAA 咨询通告 AC 20–152 之前开发和批准的硬件或 PLD 设备可以被称为先前开发的硬件（PDH）。先前开发的硬件的描述应阐明最初批准硬件的 FAA 项目编号、最初批准的 DAL、证明批准的生命周期数据（如 PHAC、HCI 和 HAS），并总结任何适用的产品服务经验。

表 3–2 硬件生命周期数据

DO-254 文档	企业文档	文档标识	是否提交FAA	DER 权限
硬件合格审定计划	硬件合格审定计划 X123PLD	1002-PHAC	是	推荐
硬件设计计划	FPGA 设计计划	1002-HDP	否	批准
硬件验证计划	FPGA 验证计划	1002-HVP	是	批准
硬件确认计划	FPGA 验证计划	1002-HVP		
硬件过程保证计划	FPGA 过程保证计划	1002-HPAP	否	批准
硬件构型管理计划	FPGA 构型管理计划	1002-HCMP	否	批准
需求标准	FPGA 和硬件需求标准	1002-HRSTD	否	批准
HDL 编码标准	VHDL 设计标准	1002-VHDSTD	否	批准
PLD 设计保证标准	PLD 设计标准	1002-PDS	否	批准
确认和验证标准	PLD 验证标准	1002-VVSTD	否	批准
硬件归档标准	归档、检索和数据备份	1002-HWARSTD	否	批准
硬件需求	X123 PLD 需求文档	1002-HRD	否	批准
概要设计数据	X123 PLD 设计文档	1002-HDD	否	批准
详细设计数据	X123 PLD 设计	1002-HDL	否	批准
顶层图	X123 PLD 硬件构型索引	1002-HCI	是	
装配图	X123 网表	1002-NET	否	批准
安装控制图	X123 变更项图样	1002-AID	否	批准
硬件 / 软件接口数据		不适用	否	批准
硬件可追溯数据	X123 PLD 硬件验证报告	1002-HVR	否	批准
硬件评审和分析程序	X123 PLD 硬件验证程序	1002-HVR	否	批准
硬件评审和分析结果	X123 PLD 硬件验证报告	1002-HVR	否	批准
硬件测试程序	X123 PLD 硬件验证程序	1002-HVP	否	批准
硬件测试结果（包括元素分析结果）	X123 PLD 硬件验证报告	1002-HVR	否	批准
硬件验收测试准则		不适用		
硬件环境构型索引	X123PLD 硬件环境构型索引	1002-HCI	否	推荐
硬件完成总结	硬件完成总结 X123 PLD	1002-HAS		

此外，先前开发硬件章节应说明硬件是否按原样复用、DAL 是否升级、硬件是否更改、飞机安装是否更改、应用或设计环境是否变更，或是否结合考虑了这些因素。图 3-6 说明了 PDH 的决策流程。

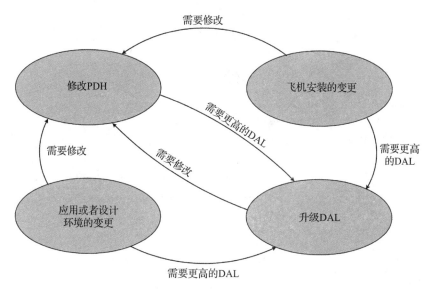

图 3-6　PDH 的决策过程

PDH 的可复用数据量将取决于项目的具体情况。未经修改的 PDH 将仅需进行集成 / 系统测试。被修改的 PDH 将要求：

（1）硬件修改部分的测试和验证；

（2）受修改部分影响的设计的重新测试和验证；

（3）集成 / 系统测试。

更改应用将要求：

（1）重新验证与新设备的接口；

（2）如果使用了不同的软件，则需要重新验证硬件 / 软件接口；

设计环境变更则根据工具鉴定要求对新的设计和 / 或验证工具进行评估。

提高 DAL 需要：

（1）评估以前的符合性数据是否适合新的 DAL；

（2）填补新旧 DAL 之间的差距；

（3）确定哪些现有的符合性数据是可用的。

COTS 元器件包括未编程的 FPGA，应按照 ECMP 管理。COTS 还应该包含知识产权（intellectual property，IP）核。IP 核是从供应商购买来的设计，它们可能符合 DO-254 开发，也可能不符合。IP 核通常用于标准接口，如以太网、1553 总线、ARINC-429、通用异步接收器 / 发射器或外围元件互连（peripheral component interconnect，PCI）。IP 核的生命周期数据应该符合硬件的 DAL。换句话说，生命周期数据和验证活动应与公司内部存在的设计相同。当 IP 核没有可用的 HDL 源代码时，可能妨碍它的使用。PHAC 应描述 IP 核、供应商提供的文档，并解释完成生命周期活动和数据所需的其他活动。IP 核的数据形成独立的文档往往被证明是一种有效的策略，特别是当 IP 核要在后续设计中复用时。

产品服务经验可用于证明 COTS 元器件和先前开发的硬件的使用是正确的。产品服务经验最好来自飞机级的使用经验。如果没有飞机级的使用数据可用，则应解释数据的关联性。总有器件第一次应用在飞机上，因此证明其服役经验的思路是表明器件是否已经在其他行业或应用中被使用足够长的时间。在汽车应用中使用的半导体通常是理想的候选，因为它的封装和温度范围通常适用于航空航天领域。产品服务经验应该说明数据的意义和关联。数据应说明：

（1）功能和用途是否相同或类似；

（2）运行环境是否相同或类似；

（3）先前的 DAL 是否与建议的 DAL 相同或类似；

（4）硬件构型是否相同或类似；

（5）服役期间检测到的错误或问题；

（6）服役期间的失效率。

产品服务经验还可以用于论证 DAL 的升级，如从 D 级提升到 C 级，从 C 级提升到 B 级或者从 B 级提升到 A 级。服务时长应与所要求的可靠性处于同一数量级。当评估 DAL A 级的服务时长时，先前的使用时间应为百万小时量级，失效率为 $10^{-5} \sim 10^{-6}$。

3.2　工具评估和鉴定

DO–254 要求评估硬件设计和验证过程中使用的工具，DO–254 中图 11–1 描述了每个设计和验证工具必需的工具评估和鉴定过程。

工具可分为设计工具或验证工具，或者在某些情况下兼有两种功能。设计工具是用来生成硬件或者部分硬件，这意味着设计工具产生的错误可能被引入硬件。对于 PLD 工具，设计工具如综合、布局布线工具等；对于电路板卡等电子硬件工具，设计工具如原理图设计输入工具和电路板布局软件等。与设计工具相比，验证工具对设计的影响较小，它们带来的最严重影响仅是无法检测电子硬件或其设计中的错误。PLD 验证工具如仿真工具、逻辑分析仪和示波器等，电子硬件验证工具如模拟及数模混合电路仿真软件、实验室测试夹具以及逻辑分析仪、示波器等工作台仪器。

DO–254 没有为设计工具的鉴定提供具体规则或指南。设计工具鉴定可以遵循 DO–254 附录 B 中描述的策略，也可以使用 DO–178 中提供的软件开发工具鉴定指南。无论使用何种方法，应在 PHAC 中说明设计工具的鉴定并且提前与局方沟通。此外，设计工具鉴定还需要与工具设计师协作以及充足的进度和预算资源。

DO–254 的重点是验证工具的输出。如果设计或验证工具的输出是可被独立评估的，则无须进行工具鉴定。独立评估包括验证工具输出是否正确的过程；包括使用另一个工具进行评估；也包括人工审查工具输出，或使用另外的且不相似的工具进行相似的检查。用于元素分析完成情况度量的验证工具不需要鉴定。DO–254 还允许使用相关的工具历史记录来代替工具鉴定。

设计工具鉴定要求生成工具鉴定计划，鉴定工作的严苛度取决于工具的类型、其预期应用以及将要设计的硬件的 DAL。对工具鉴定计划的符合性可在工具完成总结中记录。

如果工具的输出没有被独立评估，并且没有相关的历史记录，则 A、B 和 C 级的设计工具和 A、B 级的验证工具需要进行"基础"工具鉴定。"基础"工具鉴定可以验证该工具是否为其预期应用产生了正确输出。基础鉴定会测试工具的操作是否符合其"需求"，这些需求通常来自它的用户手册或功能文档。

每个工具的工具评估和鉴定以及某一工具需要或不需要鉴定的理由，应在 PHAC 中记录。如果相关的工具历史将被用于设计或者验证工具，而不是评估其输出，或者如果设计工具将要被鉴定，则应在 PHAC 中讨论并且在项目的计划阶段与审定机构沟通协调。

PHAC 中的工具评估应列出每个设计工具和验证工具，并且添加工具的用途和简要描述来说明其用途和环境。PHAC 应阐明是否需要对工具鉴定、如何鉴定以及作为鉴定证据的数据。如果无须鉴定，那么 PHAC 中可声明不鉴定的合理性说明。评估示例的格式如表 3-3 所示，表中所列工具均是虚构的。

表 3-3　工具评估示例

供应商	工具	目的	评估	合理性说明
Syn Free Corp.	SynCity	HDL 综合工具	不需要鉴定	使用验证工具进行功能和布局后仿真、设备测试
MisPalced Tools Inc.	Route66	布局布线工具	不需要鉴定	使用验证工具进行布局后仿真和设备测试
ProLogicDesign Associates	Write Way	HDL 编辑器	不需要鉴定	评审从工具导出的 HDL 文本文件
Runner Up Inc.	Run for Cover	HDL 代码覆盖率	不需要鉴定	不要求

3.3　替代性方法

PHAC 的"替代性方法"章节说明并解释使用的替代性方法，替代性方法是未在 DO-254 中讨论到的方法以及未按 DO-254 描述应用的方法。替代性方法还可能包括比 DO-254 中所描述的方法更为先进的设计、确认或验证技术。使用的任何替代性方法应在项目早期进行协调和讨论，以尽可能最小化风险。

3.4　审定日程安排

PHAC 的审定日程安排章节描述了项目的主要里程碑和向审定机构提交生命周期数据的时间安排。这些信息让 FAA 能够合理规划他们的工作量，并为该项目分配相应的资源。主要里程碑可能包括首次飞行、型号检查核准（type inspection authorization，TIA）、设备或飞机合格审定以及预期的介入阶段（SOI）审计列表。请注意，日期安排应保持较粗的颗粒度，因为预期的目标日期可能会发生变更。进度安排旨在表述时间框架，例如，2014年第四季度（4Q2014），而不是 2014 年 11 月 12 日。

3.5 FAA Order 8110.105

PHAC 还应包含 FAA Order 8110.105[3] 中规定的信息。写入 PHAC 的 FAA Order 8110.105 内容包括：

（1）可以为设备中的每个硬件项或 PLD 编写 PHAC，或者 PHAC 可包含设备中的所有 PLD。对每个 PLD 使用单独的 PHAC，可以便于在未来项目中复用该 PLD。

（2）PHAC 应该声明硬件项是简单的还是复杂的，如果是简单的，则应提供理由。被归类为简单的设备或硬件应描述建议的方法，包括生命周期活动、数据和适用的计划和标准。简单硬件还应说明验证活动和验证环境，并清晰说明如何对硬件进行全面测试。

（3）PHAC 应该列出与每个硬件项相关的失效状况分类，同时还应描述每个硬件项的功能。

（4）PHAC 应阐述 DO-254 在 9.1 节和 10.1.1.3 节中建议的符合性方法，FAA Order 8110.105 中重申了该点。通常情况下，PHAC 中提及的符合性方法仅简单说明——根据 FAA 的 AC 20-152 的要求，硬件的开发应满足 DO-254 中与设计保证等级相对应的目标。

（5）指令还要求说明建议的 DAL 及其理由（该条复述了 DO-254 的 10.1.1.3）。

（6）PHAC 还应参考适用的硬件管理计划和硬件设计标准。应在 PHAC 中列出待交付和/或提供给 FAA 的合格审定数据清单（该条复述了 DO-254 的 10.1.1.5）。

（7）应说明建议的替代方法。关于替代方法的解释应说明该方法如何诠释了目标和指导原则，并描述实际的替代方法。替代方法还须按照 DO-254 的 10.1.1.7 节来要求。需要注意的是，FAA 期望在项目早期一起提交使用的替代方法与符合性证明。

（8）现有组件的逆向工程生命周期数据和活动的合理性说明。

（9）用来评估和排除工具鉴定的相关服务历史的文档和理由。这应该描述在以前项目中使用到的工具版本、工具记录的所有异常、工具记录的所有问题报告、工具曾在其他项目中的使用方式以及工具的输出/数据/报告是否准确和可靠。

（10）描述并解释硬件测试将达到的需求验证覆盖率。注意，硬件测试认为是在用于飞行的硬件上执行的测试（即在线测试使用生产批次的电路板）。只要在电路板级也进行了在线测试，某些部分的硬件测试也可以用设备测试仪进行。如果组合使用设备测试和在线测试，PHAC 应对该方法进行描述。

（11）从 DO-254 附录 B 中选用的附加验证活动的完成准则。

PHAC 中有些特别有用的内容在 DO-254 中未详细列出，如下所述：

（1）LRU 或者设备件号；

（2）硬件项（PLD）件号；

（3）HDL 源代码的件号；

（4）网表、熔丝文件或者应用于未编程器件的编程文件的件号；

（5）未编程的 PLD 的厂商名称和件号；

（6）FAA 合格审定项目编号；

（7）一系列适用的 FAA 问题纪要和对问题纪要各事项建议的符合性方法的详细说明；

（8）适用的国外合格审定机构项（如 EASA 认证审查项）的清单以及对该项目各事项建议的符合性方法的详细说明。

3.6　硬件设计计划

硬件设计计划（HDP）用来指导开发工程师开展硬件设计。HDP 的硬件设计生命周期章节描述了创建生命周期数据和硬件项的过程。硬件项可以是系统、电路卡组件或可编程逻辑器件。设计生命周期还应说明硬件设计、过程保证、构型管理、验证、确认、审定联络和生产移交之间的协调。

这些生命周期过程间的协调被称为转换准则。转换准则规定了启动生命周期阶段或者过程的最低要求，结束生命周期阶段或过程的最低要求，或者兼而有之。该准则阐明了需要完成的活动，同时还可以列出证明活动已完成的证据或者文件资料。例如，当需求建立基线并经过同行评审后，就可以正式开始向概要设计转换。基线产生并进行了同行评审的证据是构型控制下的需求文档和存储在构型控制中已完成的同行评审清单。如前述示例，活动、相关工作产品和转换准则已清晰显示在表格中。表 3–4 是格式范例。

表 3–4　转换准则

阶段	入口准则	活动	设计工具	输出	构型管理存储	出口准则

表 3–5 利用表格描述了需求捕获过程的转换准则。

HDP 的硬件产品说明章节应该包含硬件的预期用途，包括工作环境、可选用途、目标使用寿命以及针对停产问题的更新或升级计划。该说明应涵盖可编程器件（如使用在线或者设备编程器）的编程注意事项。如果 HDP 不是特定于单个项目，则可以在项目 PHAC 中捕获硬件产品描述，在 HDP 的"硬件产品说明"章节中引用。

表 3–5　需求捕获的转换准则

阶段	入口准则	活动	设计工具	输出	构型管理存储	出口准则
需求捕获	HDP 已发布； 硬件需求标准已发布和已批准； 板级需求已发布； 需求已被分配给机载电子硬件； 板级设计启动； 同行评审意见可用； 为更新需求而编写的问题报告	定义功能元素； 根据分配给 PLD 的功能创建或更新 PLD 需求； 创建或更新从 PLD 需求到父需求的追溯性； 增加或者更新衍生需求的理由； 创建或者更新衍生需求的追溯性链接	Word； Excel； Visio； Doors	DOORs 基线导出快照； 可追溯数据； PLD 硬件需求文档	DOORs 基线导出快照 HC2 控制； 追溯数据 HC2 控制； 硬件需求文档（hardware requirement document，HRD）HC2 控制	PLD 硬件需求文档 HC1 控制； PLD 硬件需求文档发布

HDP 的硬件设计方法章节描述了捕获需求、概要设计、详细设计和转移必要数据到生产的过程。HDP 应包括或引用有关工具使用的信息，如需求捕获或管理工具、设计或

原理图捕获工具。HDP 还应说明所需的生产数据，如 FUSE 文件、编程文件、Gerber 文件、零件清单、材料清单、装配图和可编程器件的编程说明。HDP 还应规定设计中允许使用的元器件类型，并参考 ECMP 中的元器件选用标准。

HDP 应说明预期的需求等级，如系统、组件、电路板和 PLD。需求方法应该解释如何捕获需求、如何使用需求管理工具、如何捕获衍生需求以及如何捕获需求的追溯性数据。

HDP 的硬件设计环境章节应列出设计过程中使用的工具。工具应该包括软件包、硬件或计算平台以及任何专用设备。

HDP 的硬件项数据章节提供要生产硬件的完整标识，包括终端系统的件号、子组件的件号和可编程器件的件号。对于可编程器件，标识应包括制造商的件号、编程数据的件号和完成编程后的件号。如果使用先前开发的硬件，则该章节还应列出复用的硬件项和生命周期数据的完整构型标识，并明确标识新的或更新的硬件和生命周期数据。

HDP 的其他考虑章节包括硬件生产需考虑的所有因素，包括对组装、安装、编程、取放设备的限制以及对回流焊温度曲线、制造测试的规定。

3.7　硬件确认计划

硬件确认计划描述了硬件衍生需求确认的过程和活动。DO-254 认为分配给系统的所有需求都已根据 ARP 4754 进行了确认，从而只需确认硬件设计过程添加的衍生需求。衍生需求的确认须满足 DO-254 中 6.1.1 节中的目标。多数情况下，PLD 衍生需求的确认过程可包含在硬件验证计划中。PLD 的衍生需求通常须进行需求评审，以检查 PLD 衍生需求的正确性和完整性。将 DO-254 应用于系统中所有电子设备的衍生需求的确认可能涉及的活动不仅仅是评审。所有需求，包括已确认的衍生需求，都要按照硬件验证计划进行验证。

硬件确认计划的确认方法章节描述了在衍生需求确认时如何执行评审、分析和测试，其中，分析可能包括仿真。

硬件确认计划的确认数据章节描述了由所选确认方法产生的数据。衍生需求评审数据可以是完整的需求评审检查单。衍生需求分析或仿真数据可以是分析或仿真结果。衍生需求的测试数据可以是测试结果。硬件确认计划的确认环境章节描述了用于确认衍生需求的工具、检查单和设备。

3.8　硬件验证计划

硬件验证计划描述了硬件需求验证的过程和活动，需求验证应满足 DO-254 中 6.2.1 节的目标。硬件验证计划的验证方法章节描述了评审、分析和测试以及它们的实现方法。对于验证方法的描述应包括它们的过程、方法论、活动、输入和输出。本节中将概述如何为每个需求选择验证方法、验证方法的优先级以及说明使用多种方法验证需求的情况。

硬件验证计划的验证数据章节描述了验证活动产生的数据。数据包括同行评审记录、分析程序和结果、测试程序和结果。该节还包括如何管理和归档数据、如何分析或评估数据以生成验证结果以及如何将数据和结果记录为硬件验证结果。

当生产 A 级或 B 级的硬件时，硬件验证计划的验证独立性章节须详细说明如何实现独立性。该节描述了验证将如何满足 DO-254 附录 A 中所述的独立性。一般来说，当待验证的工作产品的评审人与设计者不同时，便实现了独立性。合格的或经过适当评估的验证工具也可对验证数据进行独立评估。测试用例应该由测试用例作者以外的人来评审，测试程序应由测试程序作者以外的其他人评审，测试结果应该由运行测试和编译结果以外的人评审，分析程序和结果应由数据作者以外的人进行评审。注意，DO-254 允许使用硬件设计人员开发的验证用例、过程和结果，只要它的评审人是另一个人。当对同一需求和设计执行附加独立性验证时，如在系统的其他层级或软件测试时，也允许使用来自设计人员的验证数据——前提是它们是独立开发的。

请注意，独立性不仅仅是评审人是否与待评审数据的作者或发起人不同。通常情况下，一个对待评审的数据没有贡献，但熟悉数据及其创建的工程思维过程的人，无法胜任独立评审。因为他们与数据太接近，无法保持客观的态度或以新的视角看待数据。虽然这样的人在技术上符合 DO-254 中的独立性标准，但实际上他们可能不具备 DO-254 所期望的进行如实评审的独立性。另一方面，虽然在完全不了解数据及其相关技术情况下可以确保进行独立评审，但这可能会导致评审不充分，原因也仅仅是评审人对该主题的了解不足，无法识别异常或差异。因此，评审人需要对待评审数据有一定熟悉度以确保胜任审查，但不应过分熟悉从而影响他们识别问题的能力——损害他们的独立性。

硬件验证计划的验证环境章节应描述执行评审、分析和测试所需的工具和设备。分析工具包括电路分析、热分析或 PLD 时序的仿真工具。硬件测试设备应包括电源、函数发生器、数字万用表、示波器、逻辑分析仪、测试台、断线箱、标准或专用电缆或互联线路。计划应对测试设备安装示意图以及测试设备图样或接线图做出规定。评审活动中使用的评审检查单可用表格列出。

硬件验证计划的组织职责章节中应描述参与验证的各级团队 / 组织及其执行的活动。如果硬件验证的置信度与软件测试相关，那么应在该节中列出软件团队组织。如果硬件验证的置信度与系统测试相关，那么也应该在该节中列出系统团队 / 组织。如果外包任何活动给其他公司或组织，则该节应详述这些细节。当验证活动外包时，硬件验证计划中应考虑和规定的事项包括：

（1）对外包工作的技术监督——为评估数据的质量和正确性而进行的技术评审的数量。

（2）对合格审定联络的影响，如是否需要在另一个地点开展审查。

（3）对外包工作的过程保证监督——进行过程保证活动的组织。

（4）构型管理的协调。

①通过哪种媒介 / 地方进行数据管理。

②如何将符合性数据反馈到开发者的构型管理系统。

③如何将验证团队发现的问题反馈到开发者的构型管理系统中。

④使用哪些构型管理工具控制符合性数据。

（5）为了提升审计得分，是否需要在外包场所开展测试或仿真。这种情况下，为了协调目击试验以及审计，会增加复杂度并引入额外成本。

3.9 硬件构型管理计划

硬件构型管理计划（HCMP）可以视为控制硬件及其相关生命周期数据的过程集合。HCMP 定义了生命周期数据的两类构型管理的控制和过程。硬件控制类 1（HC1）使用正式的版本、基线和问题报告（problem report，PR）来进行变更管理。硬件控制类 2（HC2）用于存储和保护生命周期数据，如验证结果或过程保证记录。HC2 数据无须正式的基线、问题报告和变更控制，数据只需归档并进行版本更新。HC1 数据要求应用 DO-254 中描述的所有构型管理活动，而 HC2 数据只要求应用这些活动的子集。

DO-254 附录的表 A-1 显示了硬件生命周期数据对应的硬件数据控制类别。一般来说，无论何种设计保证等级，以下数据项始终是 HC1：

（1）硬件合格审定计划；

（2）硬件需求数据；

（3）顶层图（PLD 的硬件构型索引）；

（4）装配图；

（5）安装控制图；

（6）硬件／软件接口数据；

（7）硬件完成总结。

与硬件构型管理相关的过程活动包括：

（1）构型标识；

（2）基线；

（3）基线追溯性；

（4）问题报告；

（5）变更控制完整性和标识；

（6）变更控制的记录、批准和追溯性；

（7）发布；

（8）归档；

（9）数据保持；

（10）防止未经授权的变更；

（11）介质选取、刷新和复制。

构型管理，特别是基线和数据保持活动，应该用于硬件开发和验证工具。应保留商业采购工具和内部定制工具，以备将来硬件项目返工之需。

构型标识为每个构型项提供唯一的标识符。所有生命周期数据，如图样、文档、验证工作产品、过程保证记录和构型管理记录，都应该有相应的分配唯一标识的方法。具有版本控制的文件管理工具将确保对生命周期数据的变更有唯一的标识，因为在文件管理工具中每次导入数据时都会滚动更新版本。公司通常通过图样管理室的政策和程序制定零部件编号方案。日志可以人工或电子方式保存，跟踪已分配的图样、文档或硬件标识符编号。显而易见，硬件和图样应具有唯一的编号方案，DO-254 要求对所有 HC1 和 HC2 生命周期数据进行唯一标识。许多 PLD 设计可以有一个 "top.vhd" 或者 "arinc.vhd" 文件。要确保文件是唯一的，标识符需要包含整个文件路径名，并且每个项目的文件路径唯一。例如，C：\serverroot\projects\projectAlpha\designfiles\source\design，这里 projectAlpha 是唯一项目名，那么文件"top.vhd"可区分如下：

（1）C：\serverroot\projects\projectAlpha\designfiles\source\design\top.vhd

（2）C：\serverroot\projects\projectBeta\designfiles\source\design\top.vhd

生命周期中产生的所有验证数据需要唯一的标识符。这包括物理硬件测试（测试用例、测试程序和测试结果）数据以及硬件仿真（测试用例、测试平台和测试结果）数据。需求、设计和验证数据评审产生的同行评审记录也需要唯一标识。从需求阶段开始实施的结构化命名能相对容易地满足唯一标识的要求，同时与文件组织的结构化层次相结合，可以管理跨多个项目的数据存储和检索。

基线适用于单个文档、图样和数据以及数据集。基线可以是文档的第一个发布版本，通常称为修订版 1 或修订版 0，也可以是数据集，如计划基线是已发布的硬件管理计划和硬件标准及各文件修订版本的集合。基线可以具备进入系统级环境鉴定测试、飞机地面测试或飞机飞行测试的成熟度准则。对于 PLD，硬件构型索引（HCI）中描述了特定版本的硬件基线。

基线追溯性可以描述 HC1 数据在后续发布之间的变化。对于一个文档而言，就是将问题报告合并到一个版本中，以创建后续版本，例如，对版本 Rev A 的更改，创建版本 Rev B 的文档。基线追溯性还可以用于描述硬件项后续版本之间的更改。如果顶层件号使用的是 XXXXX–YYY 的编号方案，其中 XXXXX 是根编号，YYY 是版本号。那么，13579–001 可以通过问题报告追溯到 13579–002，该问题报告描述了创建 –002 版本时对 –001 版本的更改。系统和 LRU 使用硬件的顶层图来调用图样及其各自的版本。当对硬件进行更改时，基线有利于为验证活动增加置信度。熟练使用基线、问题报告、变更控制和变更影响分析有助于证明在何处保留验证置信度，并确定在进行变更时哪些验证活动必须重复。

问题报告是指使用一个过程来报告、跟踪和处理问题的状态和解决方案。通常，问题报告系统也用于变更管理，包括新的、变更的，甚至删除的功能和需求。使用电子或基于 web 的工具来管理问题报告是最有效的，这些工具还可以强制执行工作流程并签署问题报告。问题报告工具有助于使工作流程自动化，通知用户以及为项目管理提供报告。

变更控制开始于构型项建立基线时并用于审定置信度。通常对于 HC1 生命周期数据，变更控制是从文档或数据被评审和发布时开始的。一旦生命周期数据被建立基线，就应该确立并实施保护措施，以确保任何后续变更都是经授权的。由于变更控制通常与问题报告相关联，这通常意味着生命周期数据在发布后需要问题报告以及变更控制委员会的批准才能对其进行变更。图样可能遵循类似的变更和批准流程，或使用问题报告系统。对基线或发布的生命周期数据的任何更改都会导致构型标识的更改，通常是通过增加数据或文档的修订或版本来完成的。最初作为无变更（no change N/C）版发布的文件将随着第一次授权变更而增加到 A 版。一个测试平台 vhdl 文件将从 –001 版本递增到 –002 版本，一份图样将从 Rev A 版本升到 Rev B 版等。递增的形式将与存储工具和方法兼容。用于文件管理的工具，如 Rational ClearCase、CVS、MKS、AccuRev 和其他工具，将为每次变动自动递增文件版本。如果用这些工具管理 PLD 的设计和验证数据，那么它们的版本控制信息可以用于确保变更控制的完整性和标识。人工确保变更控制的完整性和标识，虽然更为耗时，但也是可以接受的。

应描述问题报告和版本控制之间的协调，以便记录、批准和跟踪对 HC1 受控发布数据所做的更改。一旦变更过程开始，问题报告应描述生命周期数据的起始版本和变更后的版本。应记录版本更新并描述文件管理系统中 HC1 数据的版本更新。更新变更项的版本有助于将更改追溯至原始版本或之前的版本。问题报告还应记录所做的更改和对更改的批准。

HCMP 应描述发布数据、图样和文档所采用的规程。发布过程用于确保在后续活动中使用基线和受控版本的数据。例如，发布的需求文档用于创建设计和从需求到设计的追溯数据。发布是将文档或数据从工程控制提升到正式的构型管理系统。发布的文档或数据可以存储在服务器的访问控制区域、文件管理系统或公司的生产数据管理系统中。规程中应对表单、批准、流程或控制进行说明。

HCMP 还描述了如何进行生命周期数据检索。检索可以在服务器或应用程序（如文件管理系统）或公司的正式数据管理系统中进行。HCMP 还应说明从非现场档案中检索数据的情况。严谨的做法是定期从非现场档案中检索数据，并进行数据库、应用程序和服务器的恢复。记录检索和恢复数据的详细过程有助于防止数据丢失或损坏。

只要设备在飞机上使用，就应保留项目的生命周期数据。联邦航空局项目的数据应保留在美国并用英语书写。出于法律或者商业目的，许多公司的业务系统或信息技术服务被设置为可容纳 7 年的数据保持期。FAA 则通常会要求将保留期延长到 20 年或 30 年，甚至更长。除了生命周期数据外，保留设计和验证工具以及批准其使用的许可证也是重要的。

应保护所有已发布和已归档的数据，防止未经授权的更改。HCMP 应该描述服务器访问控制、用户账户控制和用于确保数据受保护的其他方法。大多数文件管理工具通过在数据或文档入库时更新其版本来实施这种保护，且原始版本始终可以访问。生产数据系统通常只允许读取存储的数据；只允许管理员添加数据或文档。HC1 数据的问题报告应记录更新或更改已发布数据和文档的授权。

HCMP 还应描述如何选择项目数据的归档介质以及何时刷新或复制。对于光学、电子和磁性介质，应采用多份副本以防止介质的损坏或老化。档案的维护应根据介质类型进行描述。对数据存储技术进行定期评估，可以筛选出更经济或更高效的技术。介质的变更伴随着数据从旧介质到新介质的迁移，对其进行描述可作为项目存储介质管理的有利证据。这样可以使过程保证能够对记录进行审计。

3.10 硬件过程保证计划

硬件过程保证计划（HPAP）描述了过程保证须执行的活动。过程保证需要独立于其他的生命周期设计和验证活动执行，如果未采用单独的组织执行过程保证，那么该计划应该描述个人在执行过程保证活动时如何独立于其所涉及的生命周期任务。虽然 DO-254 在 10.1.6 节中提到了产品符合性，但符合性通常是在系统层级，通过正式的 FAA 活动来确认的。大多数项目在系统级合格审定计划中描述了符合性和符合性的委派，以确保与 FAA 的协调和从 FAA 得到的授权。为使验证活动满足 DO-254 目标，在系统级或者 PLD 层级使用 DO-254 时，将会采用公司的构型管理过程替代正式的符合性。在这种情况下，过程保证应记录验证所使用的测试设备，并且确保测试使用构型受控的数据。HPAP 应描述过程保证执行的评审和审计。过程保证应确保满足设计和验证生命周期的转换准则，遵守项目标准且满足所有构型管理目标。

过程保证活动可以按照硬件设计计划和硬件验证计划中定义的阶段进行组织。示例如表 3-6 所示。

表 3-6　过程保证活动

阶段	入口准则	活动	HPA 工具	输出	CM 存储	出口准则
计划	PHAC、HDP、HVP、HCMP、HPAP 已发布；硬件标准已发布	完成 HPA 计划完成检查单	Word、Excel、Visio	已完成的计划阶段检查单	计划阶段检查单 HC2 控制	计划更新已完成
需求捕获	硬件需求文档发布	完成 HPA 需求检查单	Word、Excel、Visio	已完成的需求捕获阶段检查单	需求捕获阶段检查单 HC2 控制	需求更新已完成
概要设计	所有功能单元的概要设计已完成	完成 HPA 概要设计检查单	Word、Excel、Visio	完成的概要设计阶段检查单	概要设计阶段检查单 HC2 控制	概要设计已完成
详细设计	硬件设计数据 HC2 控制	完成 HPA 详细设计检查单	Word、Excel、Visio	已完成的详细设计阶段检查单	详细设计阶段检查单 HC2 控制	详细设计已完成
所有	持续定期审计	审计问题报告、CCB、同行评审记录、CM 记录	Word、Excel、Visio	已完成的定期审计检查单	定期审计检查单 HC2 控制	
所有	发现偏离	记录偏离和纠正措施	Word、Excel、Visio	已完成的偏离和纠正项工作表	偏离和纠正项工作表 HC2 控制	
实现	硬件构型索引已发布；硬件生命周期环境构型索引已发布；熔丝文件已发布	完成 HPA 实现检查单	Word、Excel、Visio	已完成的实现阶段检查单	实现阶段检查单 HC2 控制	实现已完成
正式测试	硬件测试程序已发布；已编程的器件；测试设备已设置	完成 HPA 正式测试检查单	Word、Excel、Visio	已完成的正式测试阶段检查单	正式测试阶段检查单 HC2 控制	正式测试完成
生产移交	硬件构型索引已发布；Fuse 文件已发布	完成 HPA 生产移交检查单	Word、Excel、Visio	已完成的生产移交阶段检查单	生产移交阶段检查单 HC2 控制	生产开始

该表定义了何时执行过程保证活动、所需的特定活动以及作为活动证据的数据。请注意，过程保证不一定由技术人员执行。同行评审过程的过程保证审计可以是一种在过程保

证中执行的独立同行评审，或者过程保证可以检查同行评审是否在工程中正确执行以及评审中捕获的所有问题是否得到正确解决。

过程保证应定义将执行的审计程度。对于多方面的设计和验证活动，应该定义采样的样本目标或百分比。例如，过程保证可以审计 15% 的测试用例和程序的同行评审。当使用样本百分比方法时，只有通过记录表明项目计划和标准被执行，样本百分比才可以降低。当设计或验证活动由外部组织或分包商执行时，过程保证还应定义须执行的监督。

过程保证计划还应说明如何记录和跟踪相对项目计划和标准的偏离，应指明记录和解决偏离的表格。HPAP 中还应包含对这些偏离及关闭的授权和批准。

3.11　硬件标准

硬件标准是公司通过正式过程建立其产品的质量、可靠性、耐久性和一致性等有形特征的机制，硬件标准可以用来培养和促进高质量和创造性的文化。虽然根据 DO–254，DAL 为 C 级和 D 级的设计可能不需要使用标准，但硬件标准的存在可以表明，公司已表现出将其设计环境标准化的愿景和 / 或承诺，从而在其产品中保持一以贯之的高质量。硬件标准也提供在评估中使用的特定准则，用于评估硬件设计结果的可接受性和质量。

FAA Order 8110.105 阐述了基于 HDL 的设计标准的使用。该指令规定了复杂的电子硬件使用编码（设计）标准开展基于 HDL 的设计，还规定了在硬件计划评审（或 SOI#1）中对硬件需求标准、设计标准、确认和验证标准、归档标准的评审。

如果项目中应用了标准，则这些标准将成为项目审定基础和计划的一部分。这意味着该标准是官方审定数据的一部分。一旦应用，便需要提供标准的符合性证明。它有利于申请人员和开发人员形成实事求是以及节约成本的标准。这可能需要对开发团队和所有次级供应商进行标准方面的培训，以确保参与人员遵守标准。

工具可被用来强行实施标准。例如：

（1）在原理图编辑器 / 印制电路板网表中的设计规则检查器。

（2）在 PLD 综合 / 布局布线中的扇入、扇出约束。

（3）代码覆盖工具用于强行实施验证完备性标准。

相反，标准可用于限定工具鉴定的范围。如果一个仿真工具需要鉴定，其范围将限于 HDL 设计标准允许的 HDL 功能和结构。

当项目应用这些标准时，应在计划中进行引用。硬件设计计划应参考需求标准和设计标准。硬件确认计划和硬件验证计划应参考确认和验证标准，硬件构型管理计划应参考硬件归档标准。

精心设计的需求和设计标准也可以作为确认和验证标准的基础。需求标准将包含创建、追溯和证明衍生需求的准则，可以在需求确认评审检查单中使用它们；需求标准还包含用于创建、追溯需求的准则，可以在需求验证评审检查单中使用它们。设计标准将包含创建设计和将设计追溯至需求的准则，该准则可用于设计验证评审检查单。

需求标准包括编写需求、确认需求、使用需求管理工具、追溯和确认衍生需求以及如何将衍生需求反馈至系统设计和安全性过程的说明。需求标准应说明如何编写需求，包括语言和术语、句式结构，以及 "shall" "will" 和 "should" 等关键词的定义和应用等。需求标准还应说明需求反馈并阐明：

（1）识别要反馈的需求。

（2）反馈需求至何处。

（3）反馈需求的方式。

（4）评估准则。

（5）要产生的工作产品。

还应解释需求捕获的方法。这可以包括自上而下的功能分解、需求捕获阶段的快速原型设计以及螺旋式或循环式开发。通过不断的螺旋或循环迭代，每一次都会开发和捕获到需求的更多细节。标准还应描述需求文件的组织和布局。

硬件设计标准描述了概要设计和详细设计的流程、规则和方法。设计标准还描述了硬件设计的指南和准则。标准应包括设计表示方式的说明，即如何捕获设计标准。设计的标准应包括：

（1）HDL。

①允许的 HDL 类型（VHDL、Verilog、ABEL）；

② HDL 库和封装的类型 / 修订本；

③结构方面的考虑，如层次化或扁平化；

④编码风格；

⑤编码标准。

（2）原理图。

①原理图捕获软件和工具版本；

②库类型；

③原理图结构；

④页面尺寸；

⑤符号设计、外观和感觉。

（3）其他。

①支持性描述，如流程图、算法表达式、状态转换图；

②手绘图样。

设计标准还可以包括设计的所有层级的信号命名规则，应说明 IP 核的使用。设计标准还可以描述如何评估设计备选方案并进行设计权衡研究。权衡研究的考虑因素应包括：

（1）何时进行权衡研究。

（2）如何进行权衡研究。

（3）权衡研究的准则。

（4）权衡研究准则的相对优先级。

（5）如何评估结果。

（6）如何选择备选方案。

设计标准还可以包括评估失效安全和容错设计特征的指南。指南应规定：

（1）失效安全和容错设计的特性。

（2）何时评估设计特征。

（3）如何评估设计特征。

（4）评估准则。

（5）评价方法／准则。

（6）选择准则。

设计标准中应说明设计工具指南。涵盖的主题包括要使用的工具、如何配置工具、要使用的约束、要包含的工具指令、简化算法（若可选）以及 PLD 设计的布局／布线约束。

元件选择准则可以在设计标准中讨论，可以包括诸如晶体管 – 晶体管逻辑（transistor–transistor logic，TTL）、低压晶体管 – 晶体管逻辑（low–voltage transistor–transistor logic，LVTTL）、互补金属氧化物半导体（complementary metal oxide semiconductor，CMOS）、低压互补金属氧化物半导体（low–voltage complementary metal oxide semiconductor，LVCMOS）等技术选项。正确地选择元件可以保证与其他电路的兼容性，并且可以将电源设计的复杂性降至最低。元器件温度范围很大程度上取决于封装和器件选择，同时应注意晶体管最大额定结温。指南还可以讨论如何选择 PLD 类型——CPLD、FPGA 还是 ASIC。元件选择中还可描述如何选择合适的编程技术，如闪存、反熔丝和静态随机存取存储器（static random access memory，SRAM）。

3.12　确认和验证标准

确认和验证标准包括对衍生需求的确认，对需求及其设计验证的指南、准则和方法。衍生需求的确认可以包含在需求标准、确认标准或二者结合中。如上所述，需求和设计标准中的准则可作为确认和验证规程中使用评审准则的依据。执行评审的便捷方法之一是在检查单或电子表格中列出适用的准则，然后列出它们所应用的需求、设计或验证工作产品。

验证标准描述了验证活动的准则，包括评审、分析和测试。评审适用于所有生命周期数据，如计划、标准、需求、设计数据、分析数据和测试数据。对生命周期数据的评审应检查是否记录了 DO–254 第 10 节中描述的内容。例如，PHAC 至少应包含 DO–254 中10.1.1 所述的信息，HDP 应包含 DO–254 中 10.1.2 所述的信息，依此类推。评审准则应在验证标准中加以描述或引用，它通常列在检查单上，并应用于评审的数据或文件。检查单还可以作为记录评审和相关的行动项及关闭的方法。评审规程应在验证标准中说明，描述谁评审如何评审，以及何时评审。

验证标准也为验证分析提供了指导和准则。标准中应涵盖电路和时序分析的准则，其中有元件降额准则，以评估元件在容差、电压和温度影响下的功能和性能。当使用仿真时，标准应该解释测试用例选择准则——全面验证一个需求时所需的输入和初始条件的组合。测试用例选择应包括正常／预期的输入以及异常／意外的输入。测试还应考虑输入差错、异步复位和时钟域的时序变化等因素，尤其是当涉及两个或多个时钟域时。标准还应该描述利用元素分析得到的预期覆盖率。须注意，标准元件的测试覆盖不同于 ASIC 或FPGA 等复杂器件的覆盖。

最后，验证标准还为验证测试提供了指导和准则。标准应该解释测试用例选择标准——通过在线电气测试全面验证一个需求时所需的输入和初始条件的组合。测试用例选择应包括正常或预期的输入以及异常或意外的输入。测试还应考虑输入差错、异步复位和时钟域的时序变化等因素，尤其当涉及两个或多个时钟域时。注意，由于实际电路板卡的物理约束，通过硬件测试完成错误、异常或意外输入的能力常常受限。

3.13 硬件归档标准

硬件归档标准与硬件构型管理计划协同工作，用于建立和维护生命周期数据的归档。这些标准应说明归档所使用的介质类型，如光盘或磁带，同时应说明介质选择和刷新频率等。档案应包括硬件生命周期过程中使用的所有工具和数据库中的数据，其中含有制造过程中使用的数据。档案还应包括用于存储数据或图样的服务器。当备份作为归档过程的一部分时，应规定备份内容和频率。此外，还应规定归档完整性检查，完整性检查可以包括信息摘要算法，如 MD5。

如果公司没有发布标准，经过精心设计的同行评审检查单也可以发挥同样的作用。采取该工作方法时，评审检查单应包含详细和全面的评审准则，这些准则与标准文件中的准则相同。该检查单还可用于指导其目标评审项的开发。例如，设计评审检查单将包含评审准则，该评审准则将捕获公司的所有设计标准。为确保设计符合所有评审准则，设计师可以将检查单作为设计标准，然后验证团队可以将检查单作为设计评审的基础，确认设计符合所有评审准则 / 标准。这种方法提供了双重保证，即设计将满足其适用的设计标准。

3.14 提交和协调

DO-254 的表 A-1 将硬件合格审定计划、硬件验证计划、顶层图和硬件完成总结指定为直接提交 FAA 的文件。在某些情况下，如果 PHAC 中充分描述了验证，并且 FAA 飞机审定办公室（ACO）的专家在会议或介绍中熟悉了项目情况，则不用提交硬件验证计划。

由于 DO-254 是为飞机设备中的所有电子硬件（如 LRU）编写的，所以在 DO-254 表 A-1 中使用了顶层图。考虑到 DO-254 的编写思路，顶层图是有意义的。由于在 AC 20-152 中，仅可编程电子硬件需要符合 DO-254，FAA 要求提交硬件构型索引（hardware configuration index，HCI）代替顶层图。FAA Order 8110.105 第 4-5.a 节描述了 HCI 文档的使用。

计划一旦完成，建议所有团队成员阅读并熟悉计划和标准的内容。公司培训也采用幻灯片演示，以加快入门速度和提升学习效率，这些培训会议也是管理层表达对计划、标准和过程支持的契机。计划文档的阅读和培训也可以扩充至分包商或服务提供商。

简而言之，计划过程不是一个短期的过程。DO-254 目标中有 4 个属于计划过程。通过充分的计划，大量的工作时间可以得到优化或者得到最有效的利用。项目计划文档，特别是硬件合格审定计划，是项目特定的。虽然设计、验证、过程保证、构型管理和标准对于公司的项目可能是通用的，但是在项目的初始阶段利用一定时间对它们进行评估，往往"不误砍柴工"。有效的计划过程还包含从以前的项目中吸取经验教训，并对过程进行调整。

参考文献

1．Order 8110.49 CHG 1，Software Approval Guidelines，Federal Aviation Administration，dated September 28，2011．

2．IEC TS 62239，Process management for avionics—Preparation of an electronic components management plan，Geneva，Switzerland：International Electrotechnical Commission，2003．

3．Order 8110.105 CHG 1，Simple and Complex Hardware Approval Guidance，Federal Aviation Administration，dated September 23，2008．

第4章 需 求

　　学习编写需求与学习一门新语言类似，都需要花费一定时间，但通过练习就会取得进步，这种学习经验对个人和公司都适用。当公司采用一种新的有效的需求编写和阅读技能时，为了采用更为有效和实用的风格来编写和组织需求，许多做法和习惯可能需要改变，公司和个人可能都需要经历组织文化上的转变。

　　本章综合并总结了作者多年来在需求编写和管理方面积累的工作经验，是从全球大量航空航天项目实施过程中学习和收集而来的最佳实践。历经多年的数次讨论，一些捕获、传递和组织需求的方法明显比其他方法更有效。此外，使用这种捕获、传递和组织需求的方式可以简化验证过程并提高测试覆盖率，使追溯性变得更容易，可读性得到提高，对系统功能的理解也更加明晰。

　　当需求的结构反映了设计的结构时，换言之，如果需求是自上而下编制和分解的，并且按功能进行组织，那么需求的结构自然会默认匹配由其生成的硬件功能结构，追溯性工作和数据也可以更加简洁和实用。理想情况下，需求与其所描述的设计是同构的。

　　最重要的是，作为验证起点，当需求接近于为验证而编制时，就有可能更有效、高效地开展验证。虽然这在表面上有悖常理，但编制可验证的需求往往更便于开展设计，而为设计编制的需求不一定便于开展验证工作，该规则的例外是根据本章中提出的需求概念所编制的需求，因为这些需求对设计和验证是同等考虑的。因此，在一般意义上对需求编制者而言，在考虑验证而非设计的情况下养成编写（或学习编写）需求的习惯是更有效的。

　　笔者并非想传达这样的信息：捕获或定义需求的方法是对还是错。相反，笔者是传达一种与 ARP 4754、DO-254 和 DO-178 的目标和指导一致的范例。所表达的思想主要涉及功能需求，但也可以将其应用于其他类型的需求。

　　这里提出的范例对于工程师和设计师来说通常是困难的。工程师和设计师喜欢解决问题和设计解决方案。工程师的教育和培养体系非常强调设计，而往往忽视需求和功能。因此，可能需要通过培训来更新工程师的背景知识以及需求相关的经验，如公司可以组织内部培训来介绍新的或更新的需求标准和公司需求模板，因为培训也是一种使团队从不同角度应用新的技能并以一致方式开展工作的有效途径。

　　为了更好地符合 DO-254，需求应该规定硬件必须做什么，而不是应该如何做。需求的基本目标为：捕获硬件的预期功能，并为设计和验证活动提供起点。然而，对工程师而言，记录被认为是价值较低的行为或技能集。采用黑盒视图描述系统或部件的功能，而不是描述其功能实现的细节，这对工程师可能是一个挑战。因此采用黑盒视图描述功能也是一种需要学习或掌握的技能。同时也使设计人员在设计电路时确实会考虑预期的功能，但预期功能"是什么"往往屈从于"如何实现"。

　　起初，预期功能"是什么"和"如何实现"之间的差异可能会令人困惑，特别是当其出现在强调"如何做"而不是"是什么"的工程文化环境中时。然而，有一些分析技术可以帮助区分功能和实现，同时也可促进对基本概念的理解。

工程文化常常会影响甚至支配需求的使用和编制。需求编制技巧通常是从工作实践中学习到的：工程师使用以往项目中的需求文档作为起点，同时还可以查阅客户或行业文档。虽然查阅其他需求文档也是"开卷有益"，但工程师通常不会考虑需求格式是否优良，在没有其他任何有关需求捕获指导的情形下，他们通常会认为这些需求编写良好或者认为应该采用类似或相同的需求编写方式来编制自己的需求。

需求是设计和验证过程的核心。设计源于需求，再追溯至需求，并根据需求进行同行评审。基于需求的验证是针对硬件需求开发测试和仿真用例，并须在需求、测试用例、测试程序和测试结果之间建立追溯性，如图 4-1 所示。使用一组风格良好的需求作为设计和验证的入口，将确保最终的设计符合需求，并有助于通过验证来证明设计满足需求。因为不合理的入口条件所致的需求返工可能导致重新设计及验证返工。

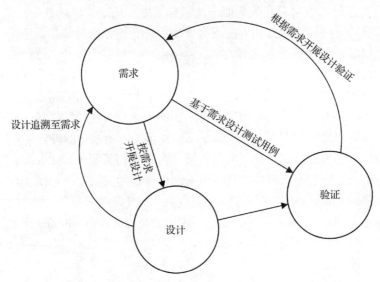

图 4-1　需求的核心角色

理想情况下，需求捕获应该在设计开始之前展开，硬件设计是根据需求生成的。基于需求的设计有助于确保实现预期的功能。如果针对已有设计而反推需求或进行逆向工程时，则须格外谨慎，这种情况下通常会创建描述现有设计而非预期功能的需求。

4.1　为什么使用需求

机载系统和设备的适航认证程序和适航规章规定系统装机后必须执行其预期功能。航空工业界采用需求的概念来表达飞机的功能，因而需要使用需求来证明对航空法规的符合性。

需求也会告知设计师设计目标是什么，围绕具体目标可能存在多种设计，它们可能是正确的设计，也可能是不正确或不满足需求的设计。此外，由于验证依赖基于需求的测试，因此使用描述设计而非描述设计功能的需求将导致基于设计的测试，这只会证明设计实现满足设计要求，而不会证明设计实现满足预期功能，而后者恰是 DO-254 定义的验证的最终目标。

需求使得功能可从最高层级被确立和描述，逐层向下分配，直至其作为设计被实现。例如，一个系统的 ARINC 数据总线输出首先在系统级描述，其次在产生输出的电路板级描述，最后在软件和 PLD 级设计并实现。

系统功能及其对应需求一直向下分配直到设计能被确切表达且可被实现的层级。由于设计决策是考虑系统的各层级后做出的，可以添加额外的需求来支持这些设计决策，这些额外的需求被称为衍生需求，它们是为实现上层需求及其功能所需的设计而衍生出来的。

DO-254 中的硬件验证活动是基于需求开展的，基于需求的验证核心就是展示系统可按其预期功能运行。回顾 FAR，需要对安装在飞机上的系统和设备进行验证，以确保它们在所有可预见的运行条件下执行其预期功能。规章的目标是通过基于需求的验证来实现的（前提是需求表达了预期的功能）。

需求也可以被认为是独立于设计的。相同的需求提供给不同的设计师，他们可能会提出符合需求的不同设计。一种设计可能全部采用模拟器件，另一种设计可能全部采用离散组合逻辑器件，也可采用微处理器和软件进行设计，或使用一个或多个 PLD 进行设计。任何满足需求的设计都是可以接受的，但须注意设计应当满足可用性和失效概率的要求。

可以根据相关功能来制定、组织和形成需求。DO-254 讨论功能元素和相关设计，按功能或功能元素对需求进行分组，是组织需求的一种非常有效的方法。换句话说，将一个功能对应的所有需求分组放置在文档的一个部分中。可以进一步组织该分组中的需求，以表示该功能所有输出的行为。通过熟练的技巧编写与组织的需求，在结构上与设计是具有相似性或同构性，并有助于验证。这种首先按功能元素，其次按输出组织需求的技术，使用了"形式跟随功能"的架构原则。此外，编写需求时使用特定的句式结构，也能使其在设计与验证过程中保持相同的结构。

最后，需求描述了系统或功能"做什么"，而不是"如何做"。理解功能后可以很好地配合功能危害评估和安全性分析过程。将需求从设计中分离出来还可以使大脑在内部构思出一个关于系统或功能做什么的内部模型，该模型与系统设计或系统功能实现是分离的。有一种方法能较好地使这些抽象内容清晰和分离，就是将系统或功能想象为一个只有输入和输出、可以被观察和描述的几何对象。编写需求的艺术在于将注意力和描述限定于功能的输入和输出上，这样也能保证功能可以通过评审、分析和测试来进行验证。

4.2 需求编制人员

通常，当需求规范包含设计类或实现类的需求时，会使验证变得非常困难甚至无效。因此在理想情况下，需求编制人员应该能够在不描述设计或实现细节的情况下编写功能需求。通常，编制人应最了解硬件项需要做什么，其往往是负责更高一层级硬件（父硬件层级）的人，因为正是由他决定了该硬件项的功能及角色。父硬件层级的设计决策将定义子硬件层级中几乎所有的需求，特别是定义硬件项与父硬件的接口和交互方式的需求，以及定义硬件项如何满足父硬件层级功能的需求。

PLD 需求最好由选择采用 PLD 方案的电路板设计人员编写，因为电路板设计人员通常更清楚 PLD 在电路板中必须做什么。捕获 PLD 需求的最佳时机是在电路板的设计过程，因为电路板设计者在查看所有与 PLD 连接的电路数据手册时，将分析出 PLD 在板卡中的确切作用。此时，电路板设计者还不知道该 PLD 将如何设计，所以 PLD 的需求更趋于功能导向。

类似地，板级需求最好由系统集成者或设计者编写。和 PLD 类似，上层的设计者更清楚电路板将执行哪些功能以及电路板所连接的信号。

对于描述功能而非设计的需求来说，需求编制人员不必是合格的电路板设计工程师，即可编写板级需求。虽然了解电路板设计可以帮助需求编制人员确保其编写的需求是切实的和可实现的，但这也可能会使需求偏向于设计和实现。同样对于编写 PLD 需求而言，需求编制人员不必是合格的 PLD 设计工程师。反之，能够很好描述设计的需求必须由合格的设计师来编写。

图 4-2 描述了这一理念的概貌。理想情况下，需求由系统中上一抽象层次的设计人员捕获。也要注意，并不是所有的系统都具有或需要包含图 4-2 中的各个层级，图中 CCA 代表电路板组件。

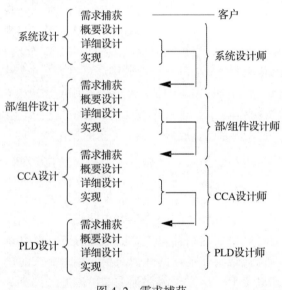

图 4-2 需求捕获

通常硬件项的设计者并非编制该硬件项需求的最佳人选。硬件项的设计者很可能最了解要设计的技术，但如前所述，这种能力不是编写良好功能需求的先决条件，事实上这可能会让需求偏向于实现而非功能。此外，硬件项的设计者可能不是最了解硬件项预期功能的人。当然，没有任何官方指南会劝阻硬件项的设计者自己编制需求，但是经验表明，这往往不是通往高质量需求的最佳途径，因为这常常导致不完整的需求描述（设计者编写的需求可能缺乏细节，因为设计者的知识背景太接近该领域主题，因此他们不需要所使用需求的细节）并且捕获预期设计而非预期功能的需求（设计师通常会规划和详述他们想要设计的内容，而不是倒回去看设计必须做什么，此外，他们可能对硬件项如何集成到父硬件中没有太深入的了解）。总而言之，最好是让最理解硬件项要"做什么"的人来编制需求。

然而，任何规则都有例外情况，如果设计人员同时还设计了父硬件或参与了父硬件的协同设计，那么他作为需求编制人员是可接受的。因为无论是参与设计父硬件或者定义分配给该硬件项的功能，他们都能够完全理解硬件项的预期功能。如果没有这种整体的理解，设计者可能倾向于用预期的实现来填补其在预期功能方面的空白。

4.3 系统需求

系统需求开发由 ARP 4754 中所描述的过程和活动控制，是 DO-254 过程的起点。系统需求是由许多因素驱动的，系统安全性过程将对功能的可用性和完整性生成性能约束。可用性表示功能的连续性，完整性表示功能的正确性。可用性和完整性将成为设计过程中各种架构特性的驱动因素，进而由这些特性生成需求。标记或明确标识这些安全性相关的需求对设计追踪到具体的实现是有帮助且必要的。

系统过程还将收集系统的预期功能，作为相关运行条件下所期望的系统行为需求。系统的功能是根据客户需求、运行约束、规章约束和实现约束等信息生成的。客户需求将随着飞机类型、飞机功能（货运或客运、商务飞机或商业运输）和系统类型而变化。客户还可以根据飞机的预期有效载荷、飞行的航线、客户或航空公司使用的操作规程和维护规程以及任何期望的特性来驱动需求的生成。运行需求用于定义飞行机组、维护机组和勤务人员所需的功能，包括所有人员交互和接口的行动、决策、信息和时间安排等。

性能需求定义了系统对客户和飞机有用的系统属性。性能需求将定义预期的系统性能，包括系统精度、准度、范围、分辨率、速度和响应时间。物理需求详述系统的物理属性，包括尺寸、预留安装点、功率、冷却、环境限制、可见性、访问、调整、处理、存储和生产限制。

系统也会包含维修性相关的需求，定期和非定期维护可能有不同类型的需求。还有部分维修性相关需求是由适航要求所产生，以满足系统安全性失效概率的要求。维修性需求应详细说明用于访问和测试的设备的操作和接口。

电源和信号接口也为系统增加了需求。系统设计需要与分配的电源和相关的预计功率兼容。接口需要满足特定的阻抗和电气特性才能正常工作。接口特性是需求，它不同于通过接口的信号的定义。接口数据或信号的含义应在接口规范中进行定义。接口规范是一个定义，不应将其视为需求。相反，需求应该详细描述如何生成接口规范中所有的系统输出信号以及如何使用接口规范中所有的系统输入信号。

最后，认证过程本身可能会为系统增加特定需求。适航规章或审定机构可能对某些特征、属性或特定实现进行规定。这些类型的需求通常是为了表明对适航规章的符合性。

系统需求收集完毕，可以将其分为多种类型，如物理的、环境的、性能的、功能的等。该过程从飞机级和系统级需求开始。这些需求通过评审、分析和测试来确认，以确定它们是否正确和完整。所有需求的初始确认都在 ARP 4754 的范围内进行，DO-254 的入口准则是假定一组经过确认（完整且正确）的系统需求，还假定已经完成了从系统功能到软件、电气元件、机械元件和电子元件（如 PLD）的分配。

随着系统设计的推进，需要增加额外的需求来支持设计决策。例如，选择在软件中实现某些系统功能的系统级决策会增加微处理器及其与外围电路接口的硬件需求。随着软件架构、设计和封装的选取，软件开发过程本身会增加需求。由于架构和拓扑结构需要冗余和 / 或非相似性的系统，这将引入额外的需求。

图 4-3 显示了功能需求的分解以及在设计过程中增加的衍生需求。

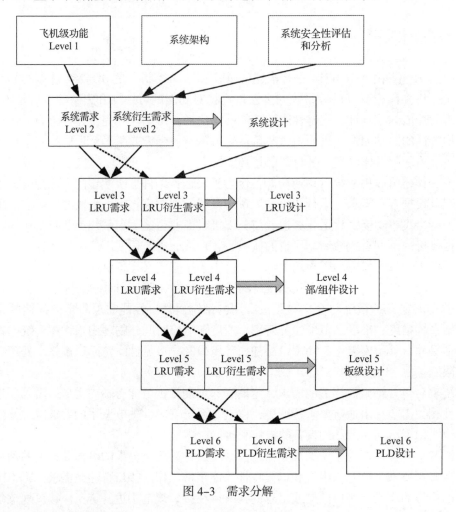

图 4-3　需求分解

4.4　电子硬件的需求类型

在分配给电子硬件的需求中，有些类别的需求需要特别注意。这些需求类别是通过观察工程师们在需求文档中实际编写的内容而归纳出的。对常见类型需求进行分类，以帮助需求编制人员了解哪些类型的需求最有效。这些类别包括：

（1）功能需求；

（2）实现需求；

（3）应用需求；

（4）输入需求；

（5）间接需求；

（6）参考需求；

（7）全局需求；

（8）衍生需求。

功能需求是一种最受推荐的需求类型。功能需求描述行为并可表达为输出如何响应输入（或时间事件）。此外，功能需求是可测试的，用可量化的术语表述，并且独立于硬件的设计和实现。

实现需求描述硬件设计或实现的特定方面，不建议使用实现类需求，因为它们跳过了功能本身而去描述如何设计或实现功能。描述特定设计或实现的需求是不可测试的；它们必须利用检查来验证。实现类需求也违背了设计和验证过程的完整性，因为根本无法验证预期的功能，验证也只能证明设计就是预期设计或者实现就是预期实现。如果特定的设计或实现特性很重要，它们可以被捕获并以文本信息的形式记录在需求文档中，而不是作为正式需求处理。一些设计或实现特性也可以在硬件设计标准中详述，从而将它们与需求分开。设计或实现特性也可以记录在硬件设计文档中。如有必要，将这些细节放在硬件设计文档中可以用来驱动较低层级的衍生需求。

应用类需求被需求编制人员用来描述如何使用硬件，虽然这是很好的信息，但其不应被表示为需求。有关硬件应用的信息超出了硬件功能的范围。此外，无法在功能验证的范畴内验证具体应用。虽然关于如何使用硬件的信息很重要，但它应该作为文本描述而不是作为需求来记录。在需求编制过程中应该考虑应用，但是应用所需的任何特定功能都应该捕获为硬件的功能需求。

输入类型的需求也经常被写入需求文档。与其他非功能性需求一样，不推荐编制输入类型的需求。任何与输入需求相关联的设计都不能导致输入的发生。需求应表示硬件如何响应一个输入。输入行为很重要，可以捕获为描述性文本或接口规范。然而，对输入端口的电气特性（如输入阻抗）的要求不同于输入需求。输入特性可以表示为一个需求，并可以通过测试和其他手段加以验证。

间接需求暗含着功能属性而未直接声明。间接需求通常使用关键字，如“能力”“方法”或“提供”。间接需求的问题在于，它可以在不实际实现对应功能的情况下得到满足。间接需求对于严格而有条理的设计和验证过程来说过于模糊，可通过删除关键字“能力”“方法”或“提供”的方式很容易地将间接需求转换为功能需求。

需求编制人员有时试图通过引用其他文档来获取需求，从而走捷径或提高效率。这些引用的需求可能会为追溯性和维修性带来问题，特别是当引用的文档发生变更时。此外，所引用的文档可能不符合原始文档对应的构型管理控制类别。有时，需求编制人员甚至会参考教科书获取需求，但如果教科书停印，将带来很大的问题。

文档中通常会使用全局需求。它们很容易被识别，因为它们描述了从一个输入到一组输出的行为，例如，一个复位输入将如何影响所有输出。虽然具有全局需求的句子易于编写和理解，但它们并不一定构成有效的需求。全局需求将迫使读者浏览整个文档并搜索影响输出或相关功能的每一个信号。然后，必须从分散在整个文档中的独立数据点整合出对应功能。全局需求可能导致需求冲突，使笔误和错误延续，并使人难以理解其预期的功能。

最后，衍生需求是另一种类型的需求，它们不同于先前讨论的需求类型，因为衍生需求在其本身的表述上没有任何明确独有的特征，换句话说，不能仅仅通过表述就将其标识为衍生需求。衍生需求只有在与更高层级的需求进行比较时才能被识别。"衍生"是附加在所有被标识为需要确认类型的需求上的标签，即任何先前描述的需求类型都可以标记为衍生，并且该标识不会以任何方式更改需求。

衍生需求是设计过程产生的需求。它们通常来源于将系统功能分解到较低层级的电子硬件时所做的设计决策，与更高层级的需求相比，通过查看它们的内容可以很容易识别它们：如果较低层级需求中的信息包含新的或有差异的规范或者它们指定了新的功能，则称其为衍生需求。

DO-254 指出衍生需求须进行特殊处理，如果处理不当可能会产生问题。衍生需求与"确认"这一主题密切相关，因此在"确认"章节中将详细讨论它们。

上述需求类型之中差别最大的是功能需求和实现需求，它们可以说是与 DO-254 目标最兼容和最不兼容的两种需求类型。

想要理解功能需求（规定硬件应该做什么）和实现需求（规定硬件应该如何设计）之间的区别，首先应该看需求如何应用于工程设计过程，同时考虑功能和实现在设计过程中所起的作用，它们是如何被混淆的，它们应该如何记录，以及如何从实现追溯至功能。

按照 DO-254 的定义，标准设计过程的 4 个主要阶段是需求捕获、概要设计、详细设计和实现，并且这 4 个阶段按时间顺序实施。聪明的读者会立即意识到需求捕获在过程中最先开始，这为如何使用需求提供了线索：如果需求在设计开始之前编制，那么需求应该仅定义功能（"是什么"）而不是设计实现（"如何做"），因为要明确设计须跳到概要设计、详细设计阶段。

进一步探讨需求与设计过程之间的关系，因为只有在设计概念化或设计完成后才能知道硬件"如何做"，并且需求仅限于硬件功能"是什么"，而记录硬件"如何做"的方法是使用专门为此编写的另一类型的文档，即设计说明文档，有时称为设计文档。

设计文档通过记录硬件的详细设计来说明硬件"如何做"。它描述了硬件是如何设计或实现的，具有以下特性：

（1）在硬件设计完成后编写；

（2）它记录了硬件如何工作的细节；

（3）记录设计的实现；

（4）它记录了硬件如何满足其预期功能；

（5）不包含需求。

与设计文件相比，需求文档应该：

（1）在设计开始前编写。

（2）指定硬件的预期功能（硬件应该做什么）。

（3）不规定硬件应如何满足其预期功能。

（4）不规定硬件应如何设计。

（5）不记录设计。

需求文档和设计文档，延伸来说即功能和实现，它们在本质上是对立的。虽然存在"需求文档是必要的，设计文档是可选的"这一争议，但对于 DO-254 中的过程，两份文档都很重要。由于这两份文档具有不同的用途，因此有必要将两者区分开。

虽然这两种类型的文档之间的差异很明显，但由于工程思维的影响，这种差异起初会令人困惑。再次以设计过程为例，当设计文档被用于记录设计，相对于出现在最开始的需求文档，设计文档将在接近设计过程的末尾成形。如果从时间轴上看，这两种文档涵盖了设计阶段，如图 4-4 所示。

图 4-4　需求和设计文档

讽刺的是，在现实中通常将这两个文档合并为一个文档，然后将其错误地命名为需求文档。原因有很多，多数也是出于好意，但大部分没有充分认识到功能和实现之间的差异以及它们如何影响 DO-254 所定义的过程的实施，也没有充分认识到需求、设计说明和设计决策之间的差异。

需求、设计说明和设计决策之间的区别一开始也可能令人困惑，这在一定程度上也取决于之前的培训。这些差异可以总结如下：

（1）需求定义了硬件必须实现的特定功能；

（2）设计（实现）决策是设计师从需求到最终硬件设计所做的工作；

（3）设计说明描述硬件设计，不应包含规范。

举一个简单的板卡级功能需求的例子：

"DAT_OUT（11：0）应输出与 AIN_1 模拟输入等效的 12 位无符号二进制数。"

上述语句说明了输出应该做什么，而不是如何做，未给出引导设计师制订特定解决方案的设计信息，并且采用设计之前的时态编写。

由这一需求产生的设计决策可能是使用商用 12 位模数转换器（analog to digital converter，ADC）来将模拟输入转换成一个 12 位无符号二进制数值。也可以是用晶体管和无源元件创建定制的模数转换器或者使用商用 16 位模数转换器且只取高 12 位。这些解决方案都可以满足预期的功能，由于编写需求是为了表达预期功能而不是为了实现预期功能，因此它们中的任何一个（或更多）设计决策都可以被视为解决方案。

设计决策不必（事实上也不应该）被记录为需求。设计决策可能很重要，但最重要且最适合 DO-254 过程的是设计所对应的预期功能。设计决策及其产生的电路应记录在设计文件中。

设计说明描述了设计师为实现需求文档所述功能而创建的内容。它描述了为使硬件满足需求所采取的设计。它是用设计之后的时态编写的，不包含规范。对于 ADC 示例，设计说明可以包含以下内容：

"AIN_1 输入信号由 OP123 运算放大器进行缓冲、缩放和电平移位，该运算放大器将 ±10V 的输入电压转换为 ADC123 16 位模数转换器所需的 0~5V 的电压。ADC123 被配置为通过将 MODE（1，0）输入引脚绑定到 DGND 来生成无符号的二进制输出。ADC123 数字输出的高 12 位通过 LD123 三态总线驱动器传输至 DAT_OUT（11：0）的输出引脚。"

该设计的设计决策可能是：

"之所以选择 ADC123 转换器，是因为它超出了该功能的性能需求。而且它在整个电子行业中被广泛使用，因此可以用比购买 12 位 ADC234 转换器低得多的价格购买到它。OP123 用作缓冲，因为它被设计为与 ADC123 一起工作，并且同样超出了此功能的性能需求。考虑使用 ADC321 转换器的替代方案，因为其输入范围虽可容纳 AIN_1 输入信号的全部电压范围，但其成本远远大于组合使用 ADC123 和 OP123 的成本，并且有设计人员担心其温度性能曲线是否满足实际使用要求。"

使用设计说明作为需求是很常见但并不提倡的做法。例如，"应为无符号二进制输出设置一个 12 位模数转换器"可能是模数转换器的典型实现类需求。虽然这种需求方法可以对硬件的设计提供严格的控制（更可能是过于严格），但它并不能捕获硬件的预期功能。事实上，这样的需求根本未体现预期功能，只描述了硬件应该如何设计。另外，设计说明将几乎与需求一模一样，因为需求和设计说明描述的是同样的事情。因此，确定需求是功能类的还是实现类的一个简单测试，便是对比需求与设计说明。如果它们相似甚至相同，这意味着需求捕获的是实现而非预期功能。

实现类需求中的预期功能通常不易被察觉，即便是需求编制人员。事实上，即便分析了目标电路，通常也很难确定其预期功能。然而，从实现获取正确预期功能的一种方法是执行"根功能"分析。根功能分析类似于"根本原因分析"，它有一个类似过程：通过反复问"为什么"来识别形成需求规范的根功能。

以下示例说明了如何通过此过程将实现类需求转换为其根功能（并转换为功能需求）。

从以下板级需求开始说起："ADC 应在任何电机驱动输出转换后至少 20 μs 和转换前至少 20 μs 对 AIN_1 模拟输出量进行采样。"

该需求显然是一个实现需求，它告诉设计师板卡上有一个模数转换器（ADC）且它应该在某个时间段内对输入进行采样。所有实现类需求都隐含着实现须达成的功能，该功能就是需求应指定的功能。在此例中，有一个原因致使 ADC 在指定时间内对其输入进行采样，但这个原因和所提供的功能从需求本身来看并不清楚。要了解原因及预期功能，可以通过问一系列"为什么"（这一根功能过程）来分析得出需求。第一个"为什么"的问题可以是："为什么 ADC 必须在电机驱动输出转换的前后至少 20 μs 内采样其输出？"这个问题的答案是：电机驱动输出的电流大，在小信号模拟电路中会造成严重失真，这可能会导致模数转换器中的转换错误。从电机驱动输出的转换中采样至少 20 μs，将允许 ADC 在噪声消除后转换 AIN_1 输入，并留出时间让 ADC 在下一个转换执行之前完成本次输入的转换。

答案中为需求提供缘由的是"ADC 需要在电机驱动器的输出噪声消除后转换其输入，并在下一个转换执行之前预留出足够时间以完成本次转换。"

如果为了表明该缘由，原始需求需要重写，新需求可表达为：

"ADC 应在电机驱动输出所引起的感应噪声消除后采样 AIN_1，并在下一次电机驱动输出引起的感应噪声出现之前完成转换。"

这一需求比最初的需求更具解释性，因为它更关注在电机驱动输出信号的转换前后采样 20 μs 的原因，而不是盲目地指定这样做。虽然它更接近于功能需求，但其实更像实现需求，因为它关注的是电路应该如何工作，而不是电路应该满足的功能。

如果再问一个"为什么"，即"为什么 ADC 要在电机驱动输出的噪声消除后对输入进行采样并在更多噪声出现之前完成转换？"这个问题的答案是"由电机驱动输出引起的噪声将导致 ADC 数字输出中的误差和失真，避开噪声可将 ADC 输出中的误差和失真降至最低。"

因此，如果根据以上理由重新改写需求，可改为：ADC 应采用数字输出信号误差和失真最小化的方式对 AIN_1 的输入进行采样。

该需求已有所改进，但是它仍然没有捕获真正想表达的根功能或核心功能。

所以另一个问题就是："为什么 ADC 需要满足最小化误差和失真？"这个问题的答案是，"如果 ADC 输出中的转换误差没有被最小化，则数字输出信号中的总误差可能超过 2%，这是不合要求的。"

如果为得到最终的答案再次更新需求，则需求可以改为：

"AIN_1 数字输出信号的总误差应小于 2%。"

注意，此时的需求是可以自由实现的：未提及电路架构、元件或其他暗示物理实现的事物。它非常简单地描述了一个输入／输出／性能关系，在没有深入研究应该"如何做"的前提下该关系定义了输出的功能（输出的"是什么"）。

另一个附加检查是针对最终需求再问一个"为什么"："为什么 AIN_1 数字化输出信号的误差必须小于 2%？"这个问题的答案是："如果 AIN_1 数字化输出信号误差超过 2%，使用它的软件系统控制回路将会不准确和不稳定。"

最后一个答案很重要，因为它的理由或合理解释指向了比板卡更高的层级，所以这一理由以及任何由其编写的需求都不在硬件项（板卡）的范围内。上述一系列答案的差异告诉我们，原先板卡层级需求的解释已经提升至足够高的层级，从而摆脱了需求的具体实现。这表明需求现在已经捕获到了板卡级的预期功能，并且该预期功能是从父硬件层级向下分解而来，并非在板卡层级生成的。

确定实现类需求中隐含的功能的过程如表 4-1 所示。即使最初的需求关注大电流瞬变所引起的误差，需求的最终形式也只是指定了输出误差的容限，并未限制误差的来源，这是需求有效性的显著改进，实现类需求的有效性不如功能类需求的原因之一在于，系统对需求的解释是系统需要将数字输出信号的误差保持在 2% 以下，而并不关心误差的来源。相比之下，最初的需求仅关注存在于每个电子系统中诸多误差来源中的一个潜在误差源，而一些其他误差源可能会比所考虑的这个误差产生更多的问题。

表 4-1　寻找根功能

需求	问题	问题的合理解释	解释的层级
ADC 应在任何电机驱动输出转换后至少 20μs 和转换前至少 20μs 内对 AIN_1 的模拟输出进行采样	为什么 ADC 必须在对电机驱动输出转换前后的至少 20μs 内采样其输出	从电机驱动输出的转换采样至少 20μs，将允许 ADC 在噪声消除后转换 AIN_1 的输入，并留出时间使 ADC 在下一个转换执行前完成本次转换	板级
ADC 应在电机驱动引起的感应噪声消除后采样 AIN_1，并在下次电机驱动感应噪声出现前完成转换	为什么 ADC 要在电机驱动噪声消除后采样输入，并需足够的时间在有更多噪声出现之前完成转换	避免噪声导致 ADC 输出中的误差和失真	板级

表 4-1（续）

需求	问题	问题的合理解释	解释的层级
ADC 应按照数字输出信号误差和失真最小化的方式对 AIN_1 输入进行采样	为什么 ADC 需要最小化误差和失真	如果 ADC 输出中的转换误差未最小化，则数字输出的总误差可能超过 2%	板级
AIN_1 数字输出信号的总误差应小于 2%	为什么 AIN_1 数字输出信号的误差必须小于 2%	如果 AIN_1 数字输出信号的误差超过 2%，那么使用该值的软件系统的控制回路将过于不准确且不稳定	系统

如果 ADC 电路是按照最初需求而设计的，那么这个设计将只解决众多错误源中的一个，并且最终该需求中指定的方法可能不足以将实际误差保持在 2% 以下。虽然最终的设计也能够满足其需求，并通过所有基于需求的验证测试，但仍不能满足其预期功能，或者说其性能不能满足系统的需要。

捕获根功能的需求相比捕获实现和设计特性的需求更具显著优势：

（1）需求将表达功能而不是实现，这将确保硬件项满足系统的需要；

（2）它们将以最适当的详细程度来表示硬件项功能；

（3）它们将以兼容更高一层级系统需求的形式来表示系统所需或预期的功能，从而更贴近系统的真实要求；

（4）需求中的功能将清晰地链接（或追溯）到其源头更高层级的功能，这将增强对需求的验证，同时提升对元件功能如何关联或集成到系统功能的理解；

（5）需求不会限制功能的具体实现方式，使得真正的专家（即本例中的板卡级设计师）尽其所能展开他们的工作。此外，诸如此类的需求将以可测量和可验证的方式表达功能。

关于应该如何编制需求的另一个考虑因素是，需求的内容对实现硬件目标（从系统层级定义或向下分解的预期功能）来说是否是必需的（即必要的）。

需求规定了硬件项正确或完整地完成其在系统中的功能所需的特性或参数。DO-254 在描述验证活动时提到了这个概念，其中指出，当定义的（亦即规定的）所有属性都是必需的并且已经定义了所有必需的属性时，需求才是完整的。因此，如果一个规范不是必需的，那么它很可能不是一个需求。

与需求不同，定义中包含的信息虽然不是必需的，但仍有助于理解硬件项的功能以及设计或验证硬件，如输入信号的描述、术语的定义、运行模式的定义或优选的实现方法。

需求编制者可能会编写过多的需求，换句话说，编制的需求数量超过所需的需求数量。其中一个因素是他们可能混淆或融合了需求和定义，并将定义捕获为需求。这种做法可以理解，但最终会因为创建和指定了超过实际所需的需求而导致不必要的工作。

跨越定义和需求之间界限的一个常见例子是运行模式的概念。运行模式通常在需求中被捕获，因为人们习惯用模式来将硬件的运行概念化。毫无疑问，使用运行模式在某些领域是有用的，甚至是十分必要的，但即便它们很重要，也仅是被解释为较好的定义，并不总是适合被当作需求。

考虑以下基于 4 个输入信号的状态模式所定义的一条需求：

"当输入信号 LOC（3：0）设置为二进制 1010 时，控制箱应处于扰流模式。"

通过定义一种运行模式，设计者就可以知道当输入信号处于某个预先定义的状态时，控制盒应该做什么，这样一来需求似乎也更为有用。但它的确不应该是一条需求：由输入状态决定的条件是定义，并且像这样的需求不能被验证，因为不能通过测量来证明盒子处于扰流模式。虽然可以通过测量输入信号来证明它们处于 1010 状态，但这终究无法证明硬件确实处于扰流模式。

如果我们将此需求与前面所述的需求定义进行比较，则示例中的需求信息不是必不可少的，并且在未声明 LOC（3：0）输入信号的状态为扰流模式时硬件也将正常运行。

通过输出条件来指定模式更为合适，因为可以测量输出以验证硬件是否处于特定模式，但即便在这种情况下，运行模式的定义对于硬件实现其目标来说仍然不是必不可少的。原因在于模式仅是抽象的概念，是人们用来帮助其了解硬件运行情况的一种特定硬件状态。硬件自身对运行模式并不知情，它只是按照设计的方式响应输入。然而，如果将模式分配给硬件的各种功能状态，则人们可以更容易地将模式概念化并将其与硬件的运行关联。

虽然可能并不建议使用需求定义模式，但定义模式（不定义需求）并在需求中使用模式是有好处的。以这种方式使用模式，使得需求可以充分利用其优势（将运行分隔成易于理解的状态），而不需要增加必须管理的需求数量。

例如，如果存在一个可表征为［LOC（3：0）=1010］AND［SER_MES（65）=1］AND［OPSTATE（4：0）=11001］AND［BIT_SEL（6：0）=0010111］的相对复杂的功能状态，则硬件的需求可被极大地简化，并且将一个模式名称赋予对应的功能状态并用其替代需求中的实际信号，这会使需求更容易被理解。因而应避免书写出以下需求：

"当输入信号 EXT_UP 为高电平且 LOC（3：0）=1010 AND SER（65）=1 AND OPSTATE（4：0）=11001 AND BIT_SEL（6：0）=0010111 时，输出信号 ROT_UP 应为高电平。"

需求可以以定义与需求相结合的形式来编制，如下所示：

"当［LOC（3：0）=1010］AND［SER_MES（65）=1］AND［OPSTATE（4：0）=11001］AND［BIT_SEL（6：0）=0010111］时，硬件将被定义为处于 EXTEND 运行模式。""当输入信号 EXT_UP 为高电平且硬件处于 EXTEND 模式时，输出信号 ROT_UP 应为高电平。"

通过添加上述模式定义（表面上也定义了许多其他模式）使硬件的运行有助于人们对认知形式的表达，从而使其更容易被理解，同时也和硬件所覆盖的功能相一致。

那么，为实际中不需要需求的事物创建需求会有什么问题呢？成本是主要的问题：每条需求都会相应地创建一系列活动，每个活动都会带来时间、成本和进度上的影响。每条需求都必须在产品的全生命周期过程中编制、归档、评审、验证、追溯、验证和维护。这些成本可能会很高，特别是当需求数量庞大时。减少需求数量也会对项目的长期成本和进度产生显著影响。请注意，减少需求数量并不意味着将更多信息塞进更少数量的需求语句中。需求的成本与属性的数量成正比，而不一定与语句数量成正比。编制每条都具有 100 个属性的巨型需求的成本并不会低于编制 10 条各具有 10 个属性的需求的成本。

4.5 分配和分解

需求和它们所表达的功能是从飞机级向下分配至实现功能的具体设计。飞机级功能被分解并分配给各飞机系统，成为飞机系统的需求，每个飞机系统都有一个需求规范。如果该系统包含多个部件，则可能还需要控制器或现场可更换单元（LRU）的需求规范。当进行控制器或 LRU 的初始设计时，需要决策出如何实现该电子设备的功能以及最合适的架构类型。这是将系统功能分配给机械或电气组件、软件或电子硬件（如 FPGA 或 ASIC）的初始步骤。

在使用 PLD 的项目中，最初的工作便是使用直接分配给 PLD 的系统级需求。对于一个非常简单的系统，这是可行的。但对于复杂的系统和高度集成的功能，从系统直接分配到 FPGA 会产生追溯性和验证方面的问题。一个更彻底的方法是从系统需求开始，通过系统内各层级的抽象和设计进行分配。其中一种方法是从飞机功能和系统架构开始，下一个较低层级的抽象是系统需求和相关设计，往下一级为 LRU（控制器）的需求和相关设计，其下一级是部件需求和相关设计，再下一级是板级需求和相关设计，最后是 PLD 的需求和设计。需求向下分配的过程如图 4-5 所示。

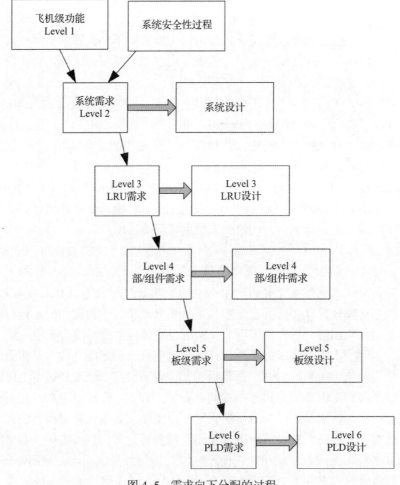

图 4-5　需求向下分配的过程

其原理是将功能从更高层级的需求分配或分解到更低层级的需求。以美国航空无线电公司（Aeronautical Radio Inc, ARINC）数据传输功能为例，ARINC 数据总线的输出在系统级可见，并在系统级需求中描述，在形成板级需求时才开始 ARINC 数据总线传输功能的设计和分配。如有需要可在电路板层级将需求分解并分配给电子器件甚至软件。

需求向下分配是通过将需求从一个层级分配到下一层级完成的。如果两个层级的功能相同，简单地将需求复制即可。如果需求的单位发生了变化或被切分开，那么需求的颗粒度就要细化。例如，一条 n 层级的需求可以在两个或多个层级上相同，如下所示：

（1）系统级：ARINC 429 输出总线应以 100Kbps 的速度传输数据。

（2）板级：ARINC 429 输出总线应以 100Kbps 的速度传输数据。

如果需求的单位发生了变化，则需求就会分解并采用相关的单位。一条需求可以在具有不同单位的两个层级上相似。需求可能如下所示：

（1）系统级：最大襟翼输出位置指令应限制在 30.0°。

（2）板级：最大襟翼输出位置指令应为 +15.0V ± 0.03V。

需求可以在不同的层级进行分解，将部件分配给软件、电子元件和 PLD。在这种情况下，需求各层级间的术语和数量的形式都会发生变化。下面的例子显示了一条高层需求被分解成 5 条更低层级的需求：

系统级：LRU 应以 50.0Hz ± 0.1Hz 的速率发送标签为 204 的襟翼位置消息。

LRU 级：ARINC 429 应以 50.0Hz ± 0.1Hz 的速率输出标签为 204 的襟翼位置消息。

板级：ARINC 429 应以 50.0Hz ± 0.1Hz 的速率输出标签为 204 的襟翼位置消息。

PLD 级：当在处理器数据总线上的地址 0x30334024 执行写操作时，ARINC_N 和 ARINC_P 输出应生成一条带有标签为 204 的消息。消息输出应在写入操作完成后的 1μs 内开始，并将写操作中的数据用作消息有效载荷。

软件级：应将 Lable_204_FLAP_POSITION 每隔（20 ± 0.04）ms 写入 ADDR（0x30334024）中。

在本示例中，电路板级需求中的功能与 LRU 级的相比基本上没有变化，因为在这个虚构的系统中，电路板上所产生的 ARINC 消息在通过 LRU 上的连接器输出之前没有变化，因此板级的输出和 LRU 的输出是相同的。在下一较低层级中，速率和有效负载功能被分配给软件，而用于生成实际消息和插入消息标签和数据的功能被分配给生成 ARINC 消息的 FPGA。FPGA 不知道系统速率和数据需求；它只知道当处理器将数据字节写入特定地址时，它应该生成以数据字节为有效负载并带有特定标签的 ARINC 消息。软件同样不知道 ARINC 消息的细节，甚至不知道 ARINC 消息传输功能的存在；它只知道它必须每隔 20ms 将特定的数据项写入特定的总线地址。软件和 FPGA 需求中的功能结合可满足电路板、LRU 和系统级的更高层级需求。

板级需求是被分配的而非衍生的，因为它的功能从 LRU 级向下分配并且未发生变化。另一方面，从电路板级的设计决策（在 FPGA 中生成消息并在软件中定时生成数据的决策）衍生出的 FPGA 和软件需求是追踪至板级需求的衍生需求，因此需要经过确认。或者更准确地说，这两个 FPGA 需求需要被高层级确认，软件需求也必须按照 DO-178 中的规定进行确认。

功能（及其需求）也可以来源于任何层级，尽管这通常表示在高层级捕获的需求不完整。增加这些需求是为了满足电子硬件或软件开发所需的可测试性或其他特性，但不一定是系统功能。假设软件开发人员想要添加一个测试特性，可以在最高层级的需求中添加一个需求。例如：

5级（软件）：软件应每隔100ms在ARINC数据总线维护标签350上输出monitor1、monitor2和monitor3的状态。

4.6 时序和性能规格

对于需求编制者来说，基于技术或硬件的能力而非按向下分配的系统需求来建立时序和性能规范是极具诱惑的。例如，PLD需求的编制者可以根据对PLD产生该输出信号的速度的了解而非父级电路板的需求来规定信号的输入/输出时序，或者在设计开始后，根据信号实际需要的时间来确定时序性能规范。从PLD如何执行需求的角度来看似乎更准确，但由于它只捕获了硬件的实际性能而非系统对PLD的性能要求，所以实际上它与系统及其性能已经脱节。依赖这些方法最终会导致性能要求从系统的角度来看是不准确的，同时从执行的角度来看也是有问题的。

与功能的其他方面一样，时序和性能要求应从更高层级的需求和设计决策中向下分配，源于部件级并且与系统功能无关的衍生需求除外。此外，规范不应受到硬件特性的影响。

例如，如果PLD要输出用于驱动电路板上的模数转换器（ADC）IC的时钟，则时钟输出需求应从ADC数据手册中的时钟要求以及与时序和性能相关的系统需求中得出。PLD的速率、电路板输入时钟的频率以及PLD的类型应与时序和性能无关，因为这些参数应该从较高的层级向下分配，以确保它们是由系统要求决定的。

当需求从高层级向下分配时，它们通常被表示为带有公差的值或带有可接受值的范围，这些值和公差由系统要求决定。例如，FPGA输出给ADC器件的时钟需求应由所需的转换次数和ADC性能共同决定。反之，所需的转换次数随系统级需求向下分配为模拟输入信号数量及转换频率，然后可定义分配给每次转换的时间，从而得到转换速率要求，进而定义ADC能力范围内满足转换性能要求的时钟频率范围。FPGA时钟频率不会纳入衍生需求，因为这是板卡级的实现细节，应该由ADC的需求确定。

需求的分解及其向较低层级需求的追踪可以遵循多种方式。需求可以直接从一条高层级需求复制为一条低层级需求；一条高层级需求可以分解为两条或多条低层级需求；两条或多条高层级需求可以追溯至一条低层级需求；两条或多条高层级需求可以追溯到两条或多条低层级需求；当使用一对一或一对多的追踪关系时需求分解和追溯性会做得更好。概括地讲，需求分解情况如下：

（1）1条高层级需求：1条较低层级需求；

（2）1条高层级需求：2条或更多较低层级需求；

（3）2条或更多条高层级需求：1条较低层级需求；

（4）2条或更多条高层级需求：2条或更多较低层级需求。

分解关系如图4-6所示。

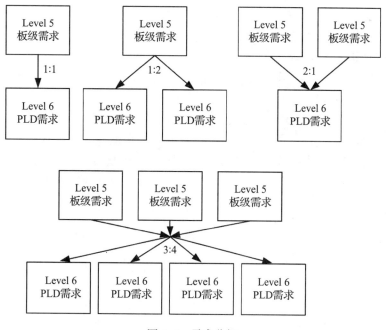

图 4-6　需求分解

强化需求过程的一种方法是在捕获需求的同时捕获追溯性数据，这比等待并试图在后续某个时间弄清楚它更为实用和高效。追溯关系应该由功能（需求）从高层到低层的向下分配和分解来定义。由于追溯性是层次化设计过程正常的附加产物，记录追溯性的最佳时机就是在需求编制时，以便追溯性和功能分配被如实捕获。不建议先编写需求而将生成追溯性作为后续的独立活动。

4.7　需求编制

需求用于识别和指定飞机、系统、LRU、电路板、PLD 和软件的功能。除了单词"shall"之外需求还有很多要素，然而含有 shall 的语句并不一定是需求，更不用说是一条好的需求了。

需求应该以肯定语句，即需求文档不应使用否定性需求来描述。否定性需求很难被验证，因为很难证明相关事情没有发生过。

需求还表示输出与输入或输出与时序事件之间的因果关系。时序事件可以表示为绝对时间，例如，20μs；或表示为相对时间，例如，下一个时钟上升沿之前的 20μs。

以下建议有助于编制形式完好的需求：

（1）使用关键字"shall"标识一条需求；

（2）使每条需求唯一；

（3）为每条需求分配一个唯一的标识符或标签；

（4）指定做什么，而不是怎么做；

（5）在需求的输出中指定可观测的行为；

（6）描述输出如何响应有效输入；

（7）描述输出如何响应无效输入；

（8）描述输出如何响应与时序相关的事件；

（9）使每条需求具体、简洁；

（10）以肯定语句表达需求，没有否定性需求或"shall not"；

（11）对于 PLD 或电路，用引脚级行为来表达需求；

（12）使用可观察的输出描述和可控的输入描述。

需求应针对目标受众即设计工程师和验证工程师来编制，而不是舞文弄墨。困难之处在于，需求编制者在编制需求时，应避免使用假设、偏见或预设。相反，编制者应以传授知识给读者并向其解释细节为目标。利用以下技巧可以提高基于目标受众的需求编制水平：

（1）定义行为时，要从输出到输入，而不是从输入到输出。

（2）明确指定输出的行为，而非暗示行为。

（3）将每个输出或功能的所有相关信息放在一个地方。不要使设计者查询整个文档才能获取信息。不要使用一个输入能影响到所有输出的全局需求。

（4）定义功能而非实现。需求应该聚焦硬件做什么，而不是怎么做。

（5）使用信息声明解释应用或其他上下文信息。信息声明还可以包含特定术语和关键字的定义。如果设计或实现的某些方面很重要，则在一个信息声明中描述它。

需求编制者应该添加所有必要的细节以解释功能，不要做任何关于读者已经知道什么或读者会做什么的假设。覆盖需求中所有的细节，而不是迫使读者添加细节或弄清楚隐含的内容。使用文档的术语表或文档特定章节定义术语。在整个需求文档中一致使用预先定义好的术语。

需求在应用时应定义时间依赖性，使用特定计时的公差，例如，"$10.0\mu s \pm 0.1\mu s$"。另一种指定时间的方法是使用限制，例如，"在 $5.0\mu s$ 内"或"在输入时钟 MSTR_CLK 的下一个上升沿之前"。为行为的所有方面指定带有公差的定时，为所有定时规格提供可测量的参考点。

要告诉读者需求优先顺序，以便在输入或事件同时出现时可以预测行为。使用表达优先级的语言，让读者知道当复位发生时会产生什么行为，以及复位是否覆盖其他输入。可以使用"无条件"等表示最高优先级的词语来定义需求的重要性顺序。另一种表示优先级的方法是定义处理 / 响应输入或者事件的顺序，可在相关表格和清单中定义。

尽管需求标准是 DO-254 的一部分，但它们也增强了需求捕获和解释的能力。使用需求标准有助于产生标准化的文档格式。这样，团队成员就可以很容易地在需求文档中查找信息。当需求文档具有标准的内容和格式时，团队成员可以更容易地为项目做出贡献或加入团队。这些标准也有助于新员工明白如何做出技术贡献：他们不必尝试提出文档结构和表示格式，因为它已经定义好了。这些标准定义了表示必要性的情态动词和表示可能性的情态动词的含义和用法，诸如"should""shall""can""will""may"和"might"。

建议使用模板进行需求捕获。该模板可帮助需求编制者考虑到功能的各个方面。如果模板的某些方面不适用于一些功能，则可以将该部分标记为不适用。模板还确保了需求编写方式的一致性，且有助于实施需求标准。使用模板可以带来跨组织协同的好处，例如，工程师不必为新项目学习新的需求方法，从而可以更快捷地为项目做出贡献。典型的模板如下：

功能名称。

术语定义。

追溯链接。

衍生需求的合理性说明。

输出：

– 描述；

– 单位；

– 编码（总线、位数和最低有效位数的权值）。

影响输出的输入：

加电行为——首次通电时信号的行为；

复位响应——复位有效或复位解除有效后的信号状态；

使有效行为——将输出信号置为有效状态的要求；

解除有效行为——将输出信号从有效状态置为非有效状态的要求；

无效行为——当输入为无效或未定义时，输出信号表现出的行为。

最后，需求应该表示输入和输出之间的因果关系。输入（或定时事件）是原因，输出是结果。可以概略地表示如下：

The {output or verifiable aspect}

　　shall

　　　　{**effect**}

　　　　　　when {**cause**}

一旦需求以这种方式结构化，它们就支持设计和验证过程。编制格式优良的需求可能需要消耗额外的时间和精力，但这是值得的。一旦创建并评审出一组完整且格式优良的需求，那么创建设计来实现需求中所表达的功能将会更快、更高效。测试和分析的验证过程甚至可以在设计开始前就基于需求开展。

4.8　PLD 需求

可对 PLD 的需求进行结构化处理，从而促进设计和验证过程。由于输入和输出是离散数值 0 或 1（假或真），因此，可以形成需求表达式来说明在什么条件下输出为真（1）或假（0）。另一种方法是定义输出何时被置为有效或解除有效。需求文档将定义一个有效或解除有效的输出是否意味着高或低、1 或 0、真或假。以输出作为输入的函数的形式编写需求且遵循与 PLD 硬件设计语言或电路原理图相同的结构。硬件设计语言使用声明来表示当一系列时序事件发生或复位发生时应该如何给输出信号赋值。

使用前面所述需求模板：

功能名称。

功能的输出。

影响输出的输入。

术语定义。

追溯链接。

衍生需求的合理性说明。

上电行为——首次通电时信号的行为：

描述通电条件下输出行为的需求。

复位响应——复位释放后信号的状态：

描述复位条件下或紧接着复位条件下输出行为的需求。

使有效行为——将输出设置为有效状态的需求：

描述满足输入条件时有效的输出行为的需求。

解除有效行为——将输出从其有效状态解除的需求：

描述满足输入条件时解除有效状态的输出行为的需求。

无效行为——当输入无效或未定义时，输出信号表现出的行为。

当输入条件无效或未定义时，描述输出信号的需求

模板的结构反映了 HDL 的结构。第一个需求是对复位输入信号的响应。HDL 过程的第一部分是对时钟和复位输入进行解码，并在处理正常输入之前响应复位。

这也确立了复位的优先级高于其他影响输出信号的条件。第二个需求是当输入条件被满足时作为响应将输出信号置为有效状态。HDL 过程的第二部分是对时钟和输入进行解码，并在门限条件满足时使输出置于有效状态。第三个需求是当输入条件被满足时作为响应将输出信号解除有效状态。HDL 过程的第三部分是对时钟和输入进行解码，并在门限条件满足时将输出解除有效状态。当不需要将输出置于非有效状态的特定条件时，那么使有效要求可以简单声明为在不满足使有效的条件时，将输出解除有效状态。

图 4-7 显示了需求结构以及如何建立需求结构以反映设计。

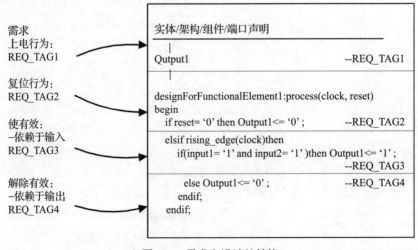

图 4-7　需求和设计的结构

PLD 需求也可以用类似的模板来说明。

The {output or verifiable aspect}

　　shall

　　　　{*effect*}

　　　　　　when {*cause*}

这可以扩展为一个更完整多方面的典型需求模板：

The {output or verifiable aspect}

　　shall

　　　　{precedence modifier}

　　　　　　{*assert*, *deassert*, *set to value*}

　　　　　　　　{timing modifier}

　　　　　　　　　　{absolute or relative time event}

　　　　　　　　　　　　when {*input condition or absolute time event*}

填充括号中所示的修饰语，需求结构变为：

The {output or verifiable aspect}

　　shall

　　　　{always, unconditionally, only}

　　　　　　{assert, deassert, set to value}

　　　　　　　　{before, after, when, during}

　　　　　　　　　　{xx nsec, the next rising edge of a lock, read/ write asserts low}

　　　　　　　　　　　　when {inputs are set to a combination of hi/ low, a sequence of events has oc-curred or a timed period elapses}

以下是利用上述结构创建的一条需求示例：

The {d_out［15：0］pins}

　　shall

　　　　{unconditionally}

　　　　　　{be set to 0x0000}

　　　　　　　　{within}

　　　　　　　　　　{50 nanoseconds}

　　　　　　　　　　　　when {reset_n is asserted low}

将其简化后得到：

The d_out［15：0］pins shall unconditionally be set to 0x0000 within 50 nanoseconds when reset_n is asserted low.

（当 reset_n 被置为低有效电平时，d_out［15：0］引脚应在 50ns 内无条件设置为 0x0000。）

下面是通过填充上述结构形成的另一个需求示例，其中，以（n/a）替换需求中没有用到的术语：

The {d_out［15：0］pins}

shall

{n/ a}

{be set to the current_position_value}

{within}

{50 nanoseconds}

when—

{read_en_n is asserted low and

cs_n is asserted low and

addr_in［16：0］= 0x12C2} during a processor read

将其简化后得到：

The d_out［15：0］pins shall be set to the current_position_value within 50 nanoseconds when read_en_n is asserted low, cs_n is asserted low, and addr_in［16：0］= 0x12C2 during a processor read.

（在处理器执行读操作期间，当 read_en_n 被置为有效的低电平，cs_n 被置为有效的低电平，且 addr_in［16：0］=0x12C2 时，d_out［15：0］引脚应在 50ns 内被设置为 current_position_value。）

上述需求还说明了如何表达对 FPGA 寄存器的访问。需求中并未明确说"使用寄存器"（这可以视为设计细节），而用读 / 写操作的形式描述对地址空间的访问。对于寄存器写操作，需求声明了当控制信号被配置为向 FPGA 写入数据且数据总线上有传向寄存器地址（由设计过程具体指定）的数据时所产生的可观察效果。对于寄存器读操作，需求声明了当控制信号被配置为从 FPGA 读取数据时，访问寄存器地址（由设计过程具体指定）获得的数据总线上的数据内容。

可以在需求中制定和表达组合条件，当输出依赖于多个输入或时序事件时，通常会出现这种情况。以下示例展示了如何通过条件组合来表示 PLD 逻辑中常见的依赖关系，从中可以观察到这些结构与它们所表达的逻辑门或表达式相匹配。

"当一组输入条件都被同时满足时，将输出置为有效"这一需求可表示为：

当以下条件都满足时，out1 应在 50ns 内保持为有效的高电平：

（1）条件 1；

（2）条件 2；

（3）条件 3。

这种结构下输出是输入条件的逻辑与（AND）。

"当一组输入条件中的任意一个被满足时，将输出置为有效"这一需求可表示为：

当下列条件一个或多个被满足时，out1 应在 50ns 内保持为有效的高电平：

（1）条件 1；

（2）条件 2；

（3）条件 3。

这种结构下输出是输入条件的逻辑或（OR）。

当不满足任何输入条件时，有效输出可以表示为：

"当没有任何输入条件被满足时，将输出置为有效"这一需求可表示为：

当下列条件均不满足时，out1 应在 50ns 内保持为有效的高电平：

（1）条件 1；

（2）条件 2；

（3）条件 3。

这种结构下输出是输入条件的逻辑或非（NOR）。

"当一组输入条件中至少有一个不满足时，将输出置为有效"这一需求可表示为：

当下列条件至少有一个不满足时，out1 应在 50ns 内保持为有效的高电平：

（1）条件 1；

（2）条件 2；

（3）条件 3。

这种结构下输出是输入条件的逻辑与非（NAND）。

"当一组输入条件全都满足或全都不满足时，将输出置为有效"这一需求可表示为：

当下列条件都满足或都不满足时，out1 应在 50ns 内保持为有效的高电平：

（1）条件 1；

（2）条件 2；

（3）条件 3。

这种结构下输出是输入条件的逻辑同或（XNOR）。

"当一组输入条件中仅有一个被满足时，将输出置为有效"这一需求可表示为：

当下列两个条件仅有一个被满足时，out1 应在 50ns 内保持为有效的高电平：

（1）条件 1；

（2）条件 2。

这种结构下输出是输入条件的逻辑异或（XOR）。

4.9 电子硬件需求

可以使用与 PLD 需求类似的方式来描述电子硬件的输出数据总线。需求首先描述信号的物理行为，然后描述逻辑组合，并再次使用以输出作为输入的函数形式编写电子硬件需求。下面所列需求是关于如何编制 ARINC 数据总线输出数据需求的一个范例。采用双极归零码方式的 ARINC 总线位信号特征是高电平后跟零或低电平后跟零。

MON_DBUS_P 是 ARINC 输出总线，它有三个输出幅值，分别是低幅值、零幅值和高幅值。

a.［ARINC-OUT-200］当在 ARINC 总线上输出低幅值时，MON_DBUS_P 应设置为 $-10V \pm 300mV$。

b.［ARINC-OUT-210］当在 ARINC 总线上输出零幅值时，MON_DBUS_P 应设置为 $0V \pm 300mV$。

c.［ARINC-OUT-220］当在 ARINC 总线上输出高幅值时，MON_DBUS_P 应设置为 $10V \pm 300mV$。

［ARINC-OUT-230］当 ARINC 总线上输出 1 比特时，MON_DBUS_P 从零到高和从低到零输出幅值的上升沿时间应为 $1.5\mu s \pm 0.5\mu s$。

［ARINC-OUT-240］当 ARINC 总线上输出 1 比特时，MON_DBUS_P 从零到低和从高到零输出幅值的下降沿时间应为 $1.5\mu s \pm 0.5\mu s$。

［ARINC-OUT-250］在 RESET 输入信号被置为有效的逻辑低后的 $2\mu s$ 内，MON-DBUS-P 应无条件置为零输出幅值。

［ARINC-OUT-260］在 RESET 输入信号被置为有效的逻辑低期间，MON_DBUS_P 应无条件地保持其零输出幅值。

［ARINC-OUT-270］输出到 ARINC 数据总线上的串行数据流的每比特位的持续时间应为 $10.0\times(1\pm5\%)\mu s$。

a. ［ARINC-OUT-280］MON_DBUS_P 应在串行数据流中每一个比特位的前 $5.0\times(1\pm5\%)\mu s$ 比特时间的时间段内输出高幅值或低幅值。

b. ［ARINC-OUT-285］每个高电平或低电平的保持时间应包括从零到高或从零到低的输出幅值转换所需的时间。

c. ［ARINC-OUT-290］MON_DBUS_P 应在串行数据流中每一个比特位的第二个 $5.0\times(1\pm5\%)\mu s$ 比特时间的时间段内输出一个零幅值。

d. ［ARINC-OUT-295］每个零幅值的保持时间应包括从高到零或从低到零的输出幅值转换所需的时间。

［ARINC-OUT-310］当正在生成的位数据内容为逻辑高时，MON_DBUS_P 应在该比特位传输时间的前 $5.0\times(1\pm5\%)\mu s$ 期间将其置为有效的高输出幅值。

［ARINC-OUT-320］当正在生成的位数据内容为逻辑低时，MON_DBUS_P 应在该比特位传输时间的前 $5.0\times(1\pm5\%)\mu s$ 期间将其设置为有效的低输出幅值。

［ARINC-OUT-330］当 ARINC 总线上没有数据输出时，MON_DBUS_P 的输出幅值应默认为零。

［ARINC-OUT-340］如表 4-2 所示，MON_DBUS_P 应为每个标签输出 32 位串行数据消息。

表 4-2　ARINC 数据总线消息

SSM 符号/状态位	SDI 源目的标识符	标签 （八进制）	数据	速率/ms
00	00	050	位置反馈 1	30.0
00	00	051	位置反馈 2	30.0
00	00	055	位置反馈 3	30.0
00	00	057	位置反馈 4	30.0
00	00	113	随机位置反馈	5.0
00	00	240	电源状态	50.0

〔ARINC-OUT-350〕MON_DBUS_P 应在连续 32 位的串行数据消息之间输出一个最短持续时间为 40.0×（1±2.5%）μs 的零值。

〔ARINC-OUT-360〕每条信息应以表 4-2 速率栏所指示的时间为周期在 ARINC 总线上输出一次。

复杂的功能也可以用输出作为输入函数来表示。将输出描述为传递函数，从而允许添加时域或频域等特性。下面的示例是标签为 050 消息的数据字段基于前述 ARINC 总线的输出。紧随其后的注释表达了作者的意图，没有使用实现类需求，也没有将设计明确声明为需求。

〔ARINC-OUT-380〕消息 050 应具有表 4-3 所示的内容。

〔ARINC-OUT-390〕消息 050 的 11 位到 29 位中的 16 位数字化值应为 FEEDBACK 输入信号（数字化 WING1POSFDBK）的二进制表示，其中 0xFFFF 表示与 +10.00V 输入电压相对应的正满标度值，0x0000 表示 0.00V。

注：输入端采用滤波器进行降噪和信号整形。

数字化 WING1POSFDBK 将具有以下特性：

a.〔ARINC-OUT-400〕当输入频率小于 100Hz 时，数字化 WING1POSFDBK 的幅度应以 FEEDBACK 输入值为始，线性减小。

表 4-3　ARINC 数据总线消息 050

数据流位	位功能	内容
1	标签 msb	0
2	标签	0
3	标签	1
4	标签	0
5	标签	1
6	标签	0
7	标签	0
8	标签 lsb	0
9	SDI	0
10	SDI	0
11	数据	0
12	数据	0
13	数据	数字化 WING1POSFDBK 位 0（lsb）
14	数据	数字化 WING1POSFDBK 位 1

表 4-3（续）

数据流位	位功能	内容
15	数据	数字化 WING1POSFDBK 位 2
16	数据	数字化 WING1POSFDBK 位 3
17	数据	数字化 WING1POSFDBK 位 4
18	数据	数字化 WING1POSFDBK 位 5
19	数据	数字化 WING1POSFDBK 位 6
20	数据	数字化 WING1POSFDBK 位 7
21	数据	数字化 WING1POSFDBK 位 8
22	数据	数字化 WING1POSFDBK 位 9
23	数据	数字化 WING1POSFDBK 位 10
24	数据	数字化 WING1POSFDBK 位 11
25	数据	数字化 WING1POSFDBK 位 12
26	数据	数字化 WING1POSFDBK 位 13
27	数据	数字化 WING1POSFDBK 位 14
28	数据	数字化 WING1POSFDBK 位 15（msb）
29	数据标志	0
30	SSM	0
31	SSM	0
32	校验	奇偶校验

b. ［ARINC-OUT-402］当输入频率等于 100Hz 时，数字化 WING1POSFDBK 的幅值应比 FEEDBACK 输入的振幅低 $3.0 \times （1 \pm 1.0\%）$ dB。

c. ［ARINC-OUT-404］当输入频率大于 100Hz 时，数字化 WING1POSFDBK 的幅值在输入频率每一倍频程（倍频）上应从 FEEDBACK 输入的振幅降低 $12.0 \times （1 \pm 1.0\%）$ dB。

d. ［ARINC-OUT-406］输入频率在 0~500Hz 之间时，数字化 WING1POSFDBK 的相位应在 FEEDBACK 相位的 $2.0 \times （1 \pm 1.0\%）$（°）以内。

注：其目的是通过一个 100Hz −3dB 截止的二阶低通巴特沃斯函数对输出进行滤波。

［ARINC-OUT-410］在从 MON_DBUS_P 总线上的串行数据流传输之前，WING-1POSFDBK 中的每比特都应在 1ms 内从 FEEDBACK 输入中数字化而来。

［ARINC-OUT-420］如果消息 050 的第 1~31 位的逻辑高电平之和为偶数，则应将其

第 32 位设置为逻辑高电平。

［ARINC-OUT-430］如果消息 050 的第 1~31 位的逻辑高电平总和为奇数，则应将其第 32 位设置为逻辑低电平。

4.10 需求组织

硬件接口信号的定义有助于编写需求文档。一种方法是先描述硬件输入，然后描述硬件输出，最后描述连接到硬件的双向信号。接口定义中应列出每个信号的名称，并在文档中统一使用该名称。此外，定义中不应含有需求或"应该"等词，可将引脚或连接图包括在内，应包含引脚分配图和连接关系图。

文档的下一章节包括硬件功能的文本描述，应包括框图以显示功能接口以及如何对信号进行分组。

然后，需求根据 DO-254 所述的功能元素来组织。简单地说，便是根据功能来组织需求。在每个功能元素中列出输出，然后列出每个输出的需求。按功能元素组织需求将有助于功能失效路径分析（FFPA）和元素分析，特别是使用为覆盖所有电子设备而编写的 DO-254 来组织需求时。图 4-8 显示了需求功能元素的组织及其对应的输出。

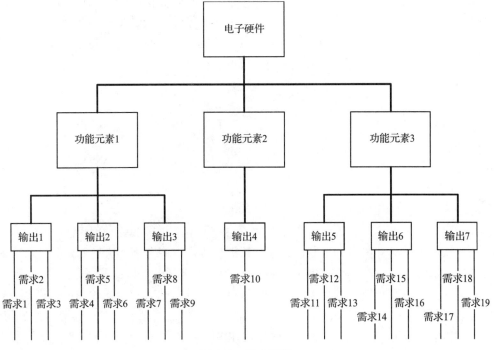

图 4-8 需求组织

文件应保持平衡，"平衡"一词意味着对信号定义章节中列出的每一个输出信号或输出侧的双向信号都有要求。在信号定义章节中列出的每一个输入信号或输入侧的双向信号应该在产生一个或多个输出的相关条件中被使用。

4.11　系统、硬件和软件

虽然 DO-254 是为所有复杂电子硬件设计和编写的，但目前的规章只要求可编程逻辑器件符合 DO-254 的要求。一些项目和国际审定机构开始要求所有复杂电子硬件的研制都要符合 DO-254。将 DO-254 用于系统中的电子设备的一个潜在好处是，它为软件需求直接追溯至系统需求以及 PLD 需求直接追溯至系统需求提供了路径。很多时候，需要添加衍生需求来使内容保持完整，这些衍生需求使用衍生的概念，意味着需求无法向上追溯。这种类型的衍生需求使用了孤立的功能范式，即没有较高层次的需求或功能可以追溯。

使用 ARP 4754、DO-254 和 DO-178 的系统的统一视图现在变为可行。统一的视图包含与相关衍生需求连接的设计决策。统一视图中的"衍生"具有 DO-178 和 DO-254 术语表中定义的原始含义。系统和需求的统一视图遵循以下路径：

（1）识别飞机级功能。

（2）将这些飞机级功能表示为需求。

（3）将飞机级需求分配给系统。

（4）系统需求捕获系统功能性需求和来源于安全性过程的附加需求。

（5）系统设计捕获实现系统功能性、安全性和可靠性所需的架构和功能。

（6）开展需求的分配和分解，并通过一个或多个抽象层级继续向下开展。

（7）每个抽象层级都会复制（和重复）其分配的需求，直到对应功能被设计出为止。

（8）随后通过设计将显示需求是如何分解的：

①需求被划分为软件、电子、PLD；

②在不同代表性的系统之间转换：

a. 机械到电气，反之亦然；

b. 电气到电气；

c. 旋转到线性，反之亦然；

d. 三维到二维，反之亦然；

e. 逻辑位或电压到显示。

③捕获设计决策，并成为下一个较低抽象层级上衍生需求的驱动因素。

（9）软件需求从驻留微处理器或微控制器的板级需求中分配和分解而来。

（10）PLD 需求从驻留 PLD 设备的板级需求中分配和分解而来。

图 4-9 揭示了需求统一的概念。通过电子硬件来获取输入和发送输出的软件与驻留该软件的电子硬件建立追溯和关联，软件衍生需求可以更加清晰和合理。该软件将与硬件、软件内存映射、输入/输出电路以及硬件和软件之间的必要接口紧密结合。

使用上述相同的原则形成后面的功能，这种统一的方法能够从实现高一层级的设计中产生其下一层级的软件功能和需求。换言之，软件是驻留有微处理器或微控制器的电路板的一部分。软件功能是通过与软件交互的电子硬件来实现电路板级的功能，从而使软件驱动程序可以追溯到部件和电路的硬件设计决策。对输入/输出的软件读/写访问也可以绑定到内存映射和软硬件接口。

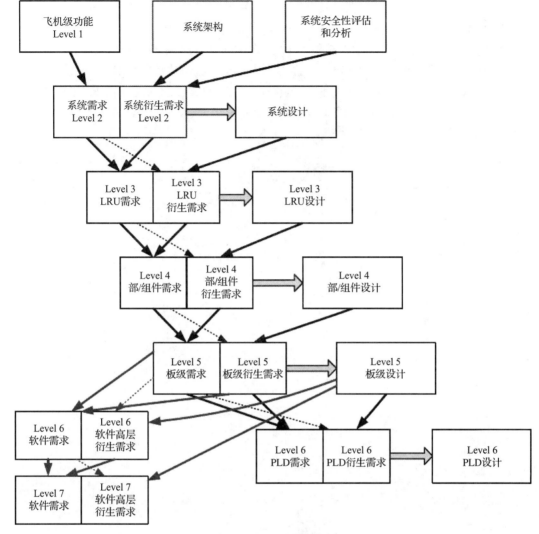

图 4-9 统一的需求视图

最深远的影响是，这个统一的概念解决了许多与使用不一致的定义和使用衍生需求相关的问题，这些问题最初在 DO-178B 的第 5 章和 DO-178B 的术语表中有所描述。

这种统一的方法具有由 LRU 输出所驱动的系统级输出。LRU 输出定义为对 LRU 的输入和时序事件的响应。LRU 的输出由电路板输出驱动；LRU 的输入驱动电路板输入。电路板的输出由软件、PLD 和其他电子电路组合驱动。软件、PLD 和其他电子电路的输入来自电路板的输入以及电路板上的前端、处理或调节电路。使用一致的信号命名方式，可以使这些信号及其在不同抽象层级的分解中保持一致。

这种一致性使得需求在各个层级上的追溯性更易于识别和管理。由于捕获了设计决策，使得衍生需求及其伴随在各个层级上的追溯性更容易识别和管理。

验证活动还可以利用并受益于信号的一致性命名和统一化的需求视图。系统级测试可用于系统级需求和相关 LRU 级需求的测试覆盖。LRU 级测试可用于 LRU 级需求和相关板级需求的测试覆盖。电路板级测试可用于对板级需求以及相关软件和 PLD 级需求的测试覆盖。当 PLD 被用于桥接处理器和其他电路时,用于测试 DO–178 验证置信度的软件也可用来驱动 PLD 的信号。这使得软件和 PLD 需求方面的测试覆盖验证可以一起进行。

目前,许多项目使用完全独立的测试团队和活动来验证系统、LRU、软件和 PLD 需求。独立的做法往往导致重复工作,增加项目成本。独立的做法也倾向于对软件和 PLD 进行单独测试,这可能会错过观察和检测软件、电路的非预期功能或错误、副作用的机会。基于统一需求的集成测试和验证方法可减少测试用例、测试过程、测试结果和相关同行评审的总体数量。

第5章 确 认

确认与衍生需求密切相关：确认的目的是表明衍生需求的正确性和完整性，而识别衍生需求是为了确定哪些需求必须被确认。所以"确认"和"衍生需求"不是孤立的，讨论其中任一主题必定牵涉另一个。

5.1 衍生需求

DO-254 关于"衍生需求"的定义为衍生需求是硬件设计过程产生的需求。该定义有些模棱两可，常常造成混淆并引起疑惑：设计过程如何产生衍生需求？衍生需求的特征是什么？如何识别衍生需求并将其与非衍生需求区分开来？

以下情况中会产生衍生需求：

（1）向硬件添加功能以支持设计决策时；

（2）较高层级功能向下分解至较低层级时；

（3）创建的低层级功能不支持较高层级的功能时。

所有这些需求的共同特征是，对它们包含的新信息须进行评估，换言之，须经过确认，以保证新信息的正确性、完整性，并与系统预期功能（即系统需求中表达的功能）一致。

在软件领域，DO-178B 的第 5 章指出，衍生需求是一种不直接追溯至更高层的需求，这与 DO-254 中的定义有显著差异。如前面所述，DO-178B 中衍生需求的定义通常被习惯性地沿用到硬件领域。这就很容易理解为什么 DO-178B 的定义和用法多年来是唯一可用的。考虑到 DO-178B 定义的广泛使用以及应用在硬件上可能带来的问题，有必要讨论该定义与 DO-254 中定义在内容和用途上的差异，以及这些差异如何影响 DO-254 过程。

DO-178B 的术语表中关于衍生需求的定义与 DO-254 术语表中的定义几乎相同。然而 DO-178B 的第 5 章将衍生需求重新定义为不直接追溯至更高层需求的需求。相反，DO-254 及其过程遵循术语表定义，允许衍生需求追溯至父需求。事实上，与 DO-178B 声明衍生需求不追溯至更高层需求相反，DO-254 中的第 5.1.2-8 段落明确指出，需求应追溯至上一层的需求，衍生的需求向上层追溯应尽可能地远。毋庸置疑，硬件衍生需求允许、确实并且刻意地追溯至更高层的需求。

DO-254 的定义与硬件需求高度契合，因为通过系统向较低层级连续分解功能（到追溯父需求的衍生需求）是硬件系统设计中使用的基本方法之一。如果没有从父需求到较低层衍生需求的追溯性，那么从系统分解到元件级的追溯功能意义不大且可用性不强。

硬件功能"向下流动"时，经常被分解和细化，而这些分解和细化的功能确实（而且应该）追溯至相应的更高层功能，这是大型硬件系统设计的核心之一。硬件各层级间的追溯性也体现了系统功能的实现是如何得到保证和管理的。

因此，硬件衍生需求正常情况下可追溯至父级或更高级的需求，因为系统功能向下流动是通过对需求中捕获功能的分解来管理的。在这些条件下，衍生需求的两种定义存在冲突，会导致硬件设计保证降级，因为（若按 DO-178B 的定义）硬件衍生需求中很大一部分会被错误地定义为非衍生需求，从而无法确认。

值得注意的是，衍生需求也可以追溯至（衍生自）父硬件的设计特性以及产生它的设计决策，因为跟踪从衍生需求中捕获的功能是追溯性的用处之一：它不仅允许在设计过程中跟踪和确认系统功能，并一直追溯到最底层的硬件，它也极大地促进了对未来设计变更的跟踪和管理。如果在硬件上不加区别地使用 DO-178 中衍生需求的定义，追溯性将失去其大部分意义，从而在最初开发和将来更改时，在设计保证方面会留下明显的漏洞。

因此，追溯性仅是功能分解的一个方面，它为跟踪系统功能提供了有用的手段，但实际上与是否应该进行需求确认无关，因此使用追溯性来识别衍生需求对硬件来说是既无效也不合理的。

使用 DO-178 中衍生需求的含义通常带来一个难题：如果衍生需求被定义为不向上追溯的需求，那么它将丢失与产生它的更高层功能之间的关联，从而使追溯性在跟踪系统级功能方面毫无用处。但是，如果正确地使用追溯性来跟踪系统级功能，则衍生需求不得不追溯至更高层的功能，从而剥夺了它们的"衍生"属性，也就剥夺了它们被"确认"的权利。因此，如果在 DO-254 开发过程中使用 DO-178 中衍生需求的含义，则确认过程有可能被逐渐削弱，甚至完全失效。这意味着必须在有效的确认或有效的追溯性之间做出抉择。

要摆脱这种定义冲突并填补硬件设计保证中由此产生的漏洞，一种方法是为衍生需求找到一个定义，该定义不依赖于与 DO-254 及其过程和目标无关甚至相反的特性。如上所述，确认和衍生需求是密切相关的。因此，回归 DO-254 中确认过程的目标有助于理解衍生需求的真正含义，并且在这个过程中，"衍生"出一个既合理又实用的定义。

确认的目标在 DO-254 中的定义为确认衍生需求的正确性和完整性。DO-254 中只有衍生需求需要被确认，因此识别需求成为衍生需求的关键是识别应该确认完整性和正确性的需求，并且应对它们进行确认，因为它们包含一些必须验证完整性的信息。如果根据确认目标进行逆向定义，则衍生需求的恰当定义（在许多方面更有用）是为确保正确性和完整性而需要进行确认的需求。该定义可以被提炼为衍生需求是指包含必须被确认信息的需求。

上述定义相比于术语表定义和 DO-178 中的定义都有优势：它比术语表定义更容易应用，独立于追溯性（本应如此）；它衍生自 DO-254，因此满足 DO-254 目标，尤其是确认目标。

5.2 创建衍生需求

在飞机级，所有的功能（同样也被称为需求）都是原始功能（需求），因此这些需求需要被确认。需求确认确保了这些需求的完整性和正确性，从而确保飞机级功能从一组正确描述飞机级功能的需求开始。

在系统的下一层级，如果某些需求中的功能已经适合下一层级，那么这些飞机级功能（即需求）将不做改变地向下流动（分配）。另一些功能（及其需求）则需要按照适合于下一层级的方式被分解，以表达它们包含的子功能。在这一过程中会产生衍生需求，也会增加与上一层级需求无直接关联的新功能，从而产生更多衍生需求。高层级的设计特性也会决定低层级硬件的功能，通常用于定义高层级和低层级硬件之间的交互，或将低层硬件集成到高层硬件中，从而产生更多衍生需求。这个过程在系统的每一层级都会重复。图 5-1 展示了需求的分解和分配，以及衍生需求的增加。

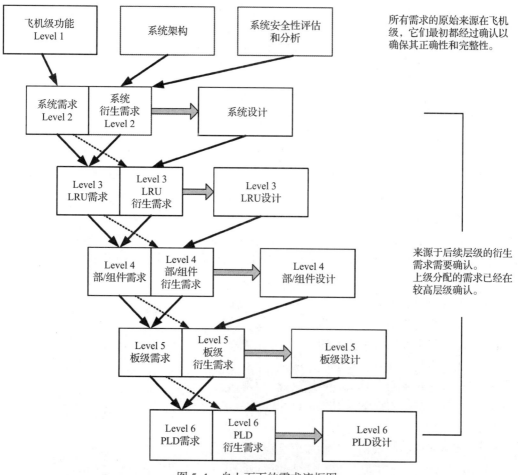

图 5-1　自上而下的需求流框图

　　衍生需求可以在所有概念或设计层级上产生或添加功能，并需要在产生它们的层级上进行确认，以确保正确性、完整性、与高层功能的一致性且适合于所处的系统层级。

　　衍生需求也必须从系统和飞机的角度进行评估，以确保不存在安全性影响。最坏的情况是添加功能的硬件处于较高层级的功能失效路径中。

　　衍生需求应该被标识为衍生，此外，与系统安全性相关的非衍生需求也应该被标记。衍生需求还应包括合理性说明，换言之，用于证明需求及其参数正确性的确认数据。理想情况下，该说明应包括足够多的信息，使评审人能够确认衍生需求是否正确和完整。需求的确认应包括对做出该决策的合理性说明的分析。如果评审人不能通过分析该合理性说明来确定需求是正确和完整的，这通常表示合理性说明不完整。

　　即使是设置任意值的需求也应该给出合理性说明。例如，如果 FPGA 的输出驱动

ADC 的时钟输入，且时钟空闲周期的电平（未产生时钟信号时的时钟逻辑电平）是高或低都不会影响 ADC 的功能，该需求可规定为当时钟未产生时，空闲周期电平可任意设置为高或低。虽然规定的逻辑电平可能是任意的，但仍应通过描述做出该决策的合理性说明来加以证实。在这个例子中，需求的合理性说明是，由时钟驱动的特定 ADC 可以接受空闲周期电平为高电平或低电平，因此它可以被设置为一个任意值。此时，可设置任意值这一事实是需要记录的重要信息，以便将来对设计更改时可以考虑到设定值能在不影响功能的情况下进行改变。如果设计的任意性没有被记录在案，那么将来在系统中工作的工程师或者在一个新的应用场景中以 PDH 方式使用 FPGA，将无法掌握完整的相关信息，因此也将无法做出完全知情的决策。

5.3 确认方法

虽然确认可以通过评审、分析甚至测试来完成，但对于机载电子硬件衍生需求的确认，最常用的方法是评审。衍生需求的评审可以作为一个单独活动来执行，它有自己的准则和结果，或者可以与其他非衍生需求的评审相结合，只要评审准则明确它们适用于哪类需求。在某些情况下，使用所有评审准则评审所有需求（无论是否衍生）可能更容易。这种方法的一个优点是，它将评估已分配（直接向下流动）的需求在系统当前层级的适用性和恰当性，确保所有功能和表达它们的需求都适合该层级的硬件。如果忽略分配的功能和需求，将无法证实它们是否合适，这可能导致需求不符合它们所处硬件的层级。

确认的评审准则应包括以下检查项：

（1）每个衍生需求都是正确的；

（2）每个衍生需求都是完整的；

（3）为衍生需求提供了合理性说明；

（4）已评估每个衍生需求对系统功能的影响；

（5）已评估每个衍生需求对飞机功能的影响；

（6）每个衍生需求均被正确地识别为衍生需求；

（7）所有非衍生需求均被正确地识别为非衍生需求。

根据衍生需求评审准则，执行确认的评审团队成员应能代表：

（1）最终产品需求（PLD 或电路需求）的作者；

（2）父硬件的设计者，特别是当衍生要求源于设计决策时；

（3）系统级需求；

（4）飞机级需求；

（5）安全性；

（6）机载电子硬件的委任代表或审定机构；

（7）系统的委任代表或审定机构。

当为支持设计决策而增加衍生需求时，例如，若描述 PLD 与模数转换器（ADC）的接口需求是由使用 PLD 控制特定 ADC 器件的设计决策所衍生的，则应按照上层的设计数据进行评审来评估衍生需求。对于 PLD 而言，就是利用 PLD 外围集成电路的数据手册评审 PLD 的需求。如果电路板卡设计者决定使用 PLD 驱动特定电路，那么 PLD 输出需要满足该电路规定的信号电平和时序。

若为了支持生产制造或测试而增加衍生需求，则衍生需求需要根据生产制造或测试设备的规范进行评审。

在确认过程中，分析方法被广泛使用。即使是需求评审也需要一定数量的分析来确定衍生的需求是否正确和完整，因此在现实中评审和分析常常齐头并进。如果衍生需求包含性能参数的转化或变换，例如，将系统级的液压作动器位移参数转换为设备级的等效电压或电流控制信号输出，可以通过分析确定机械参数到电气参数的转换是精确的。注意，如果测试装置合适，测试也可以用来对转换进行确认；事实上，测试可以说是首选方法，因为它反映了机械和电气参数之间的真实转换。

测试还可用于确认描述设计特征（实现）的需求而不是功能的需求。如确认一章中所讨论的，描述实现的需求可能无意中会干扰验证的独立性，同时也会阻碍验证表明硬件实现了预期功能，因为需求中捕获的是设计而不是预期功能。当这种情况发生时，证明预期功能的重担就落在确认上，而表明硬件满足其预期功能的唯一正确方法是采用与验证几乎相同的方式来测试硬件。通过测试而开展的确认可以在原型硬件上进行，以表明规定的设计将按预期执行。如果确认采用在最终硬件上测试的方法，那么，硬件将按照未经确认的需求进行设计和制造，如果需求出错则可能导致返工。

第6章　贯穿设计实践的设计保证

如前所述，DO-254 几乎没有给工程师提供开发安全可靠的电子产品的技术信息，而是侧重于过程和方法。这些过程和方法不但能够减少设计中无意引入的错误，而且能够发现并消除这些错误。缺乏技术指导是可以理解的，因为在电子技术这一快速发展的领域编纂一份技术基础或标准，会严重削弱航空电子行业的发展。设计方面主要由设计工程师及公司设计标准自行决定，并由 FAA 监管机构及其指定的个人或组织进行技术审查和批准。因此，虽然设计中的技术细节可能不受 DO-254 约束，但仍有其他检查确保技术细节在形式上符合 FAR 的技术目标。

有些人可能会觉得设计保证让人困惑，值得注意的是，如果设计人员实施的设计过程符合 DO-254 中的目标并且认真执行，那么设计中的许多不确定性将被消除。消除这些不确定性是 DO-254 的隐含目标。

DO-254 将设计保证定义为识别和纠正错误的方法，同时也作为满足法规要求的一种方式。该定义从多方面凝练了 DO-254 包含的大部分内容，同时也表明 DO-254 不提供具体的技术指导。

从高可靠系统设计范畴考虑，DO-254 对设计保证的定义解决了设计保证的"后端"问题。它本质上是被动的，因为它主要关注在错误发生或以其他方式将错误引入设计之后，检测和消除错误的质量过程（尽可能识别错误，而非识别不安全的设计特征）。它很少直接涉及设计保证的"前端"，即防止工程师或设计工具有意或无意地将不安全的设计功能引入到硬件中。的确，DO-254 提供的设计评审可以用来检测不安全的设计特征，但它对评审人识别和理解不安全特征的能力依赖较大，然而如果公司的工程文化中渗透了不完善的设计方法和理念，这是很难实现的。换言之，如果在公司的工程文化中广泛使用了不安全设计特性和方法，那么评审人就会认同这种文化并将这些特性和方法合法化，因此同行评审只会证明这些不安全设计特性和方法在设计中是"适当的"。

DO-254 所呈现的设计保证是通过多种方式在设计过程的多个阶段以及在项目的各个层级上实施的。设计保证除了明显侧重于精心计划和系统执行的设计过程外，还要支持过程在后台持续工作，以确保设计过程在正确的时间产生了正确的输出且具备正确的完整性。这些支持过程包括构型管理、过程保证、确认、验证和审定联络。这些都是设计过程的外围过程，但若要生成满足 FAR 的设计，这些过程缺一不可。

设计过程和支持过程之间的相互作用可看作类似于 ARP 4754 和 DO-254 附录 B 中描述的架构缓解技术。如本书 DO-254 引言中所述，架构缓解是指电子电路通过高级架构设计方法达到的系统可靠性，可以高出电子元件本身固有可靠性多个量级。同理，在过程系统中使用类似的方法可以使设计保证的水平超过仅应用结构化的设计过程所能达到的水平。在这种情况下，设计过程就像电子电路一样，只能靠自己的力量达到有限的水平。支持过程类似于架构缓解——使用过程驱动的方法能够识别、捕获和消除设计错误，从而将过程的有效可靠性提高多个量级，类似于架构缓解，利用捕获、隔离的方式，消除电子电路产生的失效和误差。

DO-254 第 5 章中所述的设计过程是"经典"设计过程的示例。经典设计是在基础工程课程中经常教授的设计过程，旨在引导学生了解遵循结构化过程的概念，以确保他们的设计逻辑化、系统化和高效执行，从而最大限度地控制设计，并将出错的可能性降到最低。所有项目无论其规模、复杂性或目标如何，都将循环通过设计过程的各个阶段，即便设计人员没有意识到，也会不自觉地遵循它。这是因为设计过程反映了工程师在解决问题时很自然会采用的思维过程：找出问题所在，决策解决问题需要做什么，思考解决的方法，创建解决方案，然后测试解决方案以确保它确实解决了原始问题。该过程合乎逻辑，长远来看它也是实现目标的最短路径。

DO-254 第 5 节中的设计过程包括设计活动的 5 个"阶段"：

①需求捕获阶段。硬件项的需求在文档和 / 或需求管理系统中构思、编写、捕获，并在构型管理系统中根据硬件的 DAL 进行版本控制。

②概要设计阶段。实现需求中所表达的功能的高级策略被概念化并记录在案。

③详细设计阶段。概要设计被详细阐述并细化为设计（通常是 PLD 的 HDL 代码和非 PLD 电子硬件的原理图），将在硬件中实现。

④实现阶段。将详细设计转换为硬件实现，然后进行开发测试，以确保硬件按设计工作。

⑤生产移交阶段。为批产准备好硬件设计的最终版本。

理论上，这些阶段是串行的，但实际考虑到项目的进度和资源，一些阶段往往会交叠甚至并行。虽然这并不能被认为是严格"正确"的，但该过程足够灵活，能够适应这种变化且仍然起到足够的设计保证作用。如果公司的常规设计实践包括这样的交叠和并行，应记录在项目 HDP 的设计过程描述中，并提供合理性说明以证明这样的变化是可容忍 / 接受的，而不会牺牲或者影响过程的设计保证及其产生的硬件项目。

HDP 中描述的设计过程还应说明与支持过程的持续衔接，特别是构型管理过程、确认过程和验证过程。

使用的设计过程（记录在 HDP 中）不必与 DO-254 中的设计过程相同，但必须满足 DO-254 中 5.1.1、5.2.1、5.3.1、5.4.1 和 5.5.1 节中的目标。实际上，任何设计过程都是可以接受的，只要过程能够证明完全满足这些目标，并生成的工作产品实现了这些目标。只要现有阶段能够支持 DO-254 目标，那么设计过程就不再需要类似的阶段。将不同的设计过程"映射"到 DO-254 中的过程目标上通常是很简单的，因为 DO-254 过程捕获了一个设计项目从概念到实现的自然流程，正如俗语所说，玫瑰即使不叫玫瑰，依然芳香如故。因此，只要过程具备合理的完整性，并且不包含太多不寻常或过于神秘的实践，在设计过程中附加不同的标签和阶段，不会改变基本的开发流程。

注意，设计过程不必满足 DO-254 中 5.1.2、5.2.2、5.3.2、5.4.2 和 5.5.2 节中记录的活动。其中列出的活动给出了关于如何满足目标的建议，但不是强制的，也不是设计符合 DO-254 所必需的。然而，大多数 AEH 设计所需的完整设计过程包含这些章节的大部分（可能不是全部）。

DO-254 第 5 章还包含验收测试（5.6 节）和批产（5.7 节），但这都不是设计和开发过程重点考虑的话题。

符合 DO–254 的设计过程与经典设计过程的不同之处在于，它有支持过程以增强基本设计过程的完整性并使其更有效。设计过程包含需求捕获阶段，在此阶段开发并记录解决方案的需求，确认过程会仔细检查这些需求以确保正确性和完整性，确保最小化或消除在该阶段引入的错误。设计数据通过概要设计和详细设计阶段创建，验证过程将仔细检查设计以确保其正确性和完整性，确保最小化或消除在这些阶段引入的错误。当在实现阶段创建硬件时，验证过程再次介入、仔细检查硬件并对其进行详尽的测试以确保其正确性和完整性，并最小化或消除在该阶段引入的错误。

在这些阶段中，构型管理过程为记录、识别和管理各版本需求、设计和验证数据创建了环境，确保不会因处理不当的数据引入错误。同时，过程保证过程对设计和支持过程产生的数据进行细致检查，以确保所有的工作都是在预定的时间、采用预定的方式进行，审定联络过程对整个项目进行审查，以确保设计和支持过程得到正确实施和执行。

最终的结果是，支持过程取得的每一点成效都是基于设计过程的，它们能确保输出的硬件尽可能地具备完整性。

然而，如前所述，虽然设计和支持过程可以有效地将引入设计中的错误最小化，并最大限度发现和修复错误，但其设计目的并不是识别和修复固有的不安全或可能对硬件完整性产生不利影响的设计特性。识别和修复薄弱点或本质上不可靠的设计特性依赖于定性判断，这些须基于经验、知识和技术能力，无法从过程或其管理文档中获得。另一方面，通过采用和遵守正确合理的设计标准和理念，可以培养或综合发展这些技术技能，这些标准和理念可用于过程中，以尽量减少或消除不安全或不可靠设计特征的引入。

6.1　DATDP

贯穿设计实践的设计保证（design assurance through design practice，DATDP）是一种工程方法，强调使用好的设计理念来产生可靠的工程实践和方法，以促成安全可靠的设计。对于电路设计层面的设计保证，主要依赖于从数十年高可靠性电子系统设计（和审计）经验中吸取教训。从根本上说，它的方法是使用强大的设计技术和理念来开展可靠性设计，而不是仅仅依赖于测试错误。这是一个主动的可靠性设计过程，而不是被动地消除错误。

与 DO–254 一样，DATDP 没有规定特定的设计技术或电路结构，尽管 DATDP 可能提出一些设计标准。DATDP 更关注设计思想的培养，使工程师能够创建安全的设计，然后从各个角度客观检查设计，找出可能危害系统完整性的潜在不足。

DATDP 涉及前端设计保证的三个方面：器件选择、设计理念和设计执行。

6.2　器件选择

器件选择聚焦于设计中使用的元件。从可靠性的角度来看，大多数元件如果满足系统的环境要求就足够了，但仍然会存在非环境因素影响元件支持机载系统必要可靠性的能力。

下面是一些推荐的器件选择指南。本书中的指南是针对可编程逻辑器件编写的，因为这是 DO-254 目前应用的重点方向，但也可以应用于其他元件。

（1）让系统选择器件

换言之，基于系统的功能性、可靠性、安全性、成本等相关需求而非个人偏好，来指导元件的选择。基于个人倾向选择的元件是可以接受的，但是它们的使用应该由系统需求决定。

（2）电源需求、顺序，以及功耗与温度的关系

除了功耗的基本参数之外，还有很多的电源考虑因素，包括电源供电范围、电源的管理方式以及电源功耗随温度变化的关系。从全局视角考虑器件如何影响系统其他部分的复杂性和成本。例如，一个 FPGA 需要两种有供电顺序的电源，如果它的供电电源和管理电路显著增加了系统的复杂性，那么该 FPGA 不是一个好的选择。此外，一些器件在室温下耗电很少，但在较高温度下可能会相当耗电。如果系统的工作温度范围恰好位于器件耗电更多的温度，则器件可能无法在最初预期的低功率水平下工作，甚至在某些情况下可能会发生热失控。因此，在选择任何器件之前，应仔细考虑电源特性。

（3）耐辐射性

虽然商用飞机通常不考虑辐射，但耐辐射性包括对单粒子翻转（single event upset，SEU）事件的敏感性，而这在商用飞机的正常巡航高度相对常见。不同的半导体器件技术对 SEU 的敏感度不同，所以在器件选择时应考虑 SEU。

（4）使用寿命

不要选择在系统生命周期内可能停产的元件。寻找成熟的零件（已经大规模使用足够长的时间，已确立可靠性），且该零件不大可能在短期内停产。此外，还要寻找制造商，以确保医疗和汽车市场上有合适的零件供应。

（5）订货交付时间

电路设计中使用了某个器件，但发现该器件实际无法及时为项目所用，这不仅会导致进度延迟，如果设计新的器件作为替换时，还会导致设计错误。注意器件的可获得性和订货交付时间以保证不出现这种意外。

（6）技术支持

并非所有的器件供应商在这方面都是旗鼓相当的。与一家具备快速可靠的电话技术支持的公司合作，可以在日程紧张和出现问题时节省时间（和成本）。

（7）产品支持

在给定器件上实现设计是创建硬件的另一半任务。需要考虑：供应商的设计工具是否易于使用和理解？用户界面是否合乎逻辑？这些工具是否具有会在设计中引入错误的特性？

（8）封装

所选器件是否采用满足系统需求的最适合的封装类型？某些封装类型会比其他类型更适合恶劣的环境条件，所以在选择器件及其封装类型时，请考虑系统的环境和电气条件。器件存储和处理方面也会影响封装类型的选择。还应考虑器件是否有可供测试的引脚以便进行电路内测试，以及是否有合适的插孔方便测试。

（9）器件特征

集成电路已经发展了几十年，并且每十年这些器件的功能就会大幅提高，随之而来

的是复杂性的增加。尤其是 FPGA，功能越来越多——从数学资源到内置处理器，一应俱全。伴随着器件功能的增加，复杂性随之提高，下游的验证负担也随之增加。此外，如果设计未使用所有的功能，则某些审定机构可能会关注这些未使用的功能以及硬件设计如何确保它们不会带来安全性的问题。

（10）服务经验

使用新器件，不管它们对于设计来说有多强大和多理想，并不总是最好的选择。没有商业或工业使用记录的器件可能会对审定机构造成困扰。在为设计选择这样的器件之前，请与审定机构沟通以获得他们的批准。

（11）半导体技术

不同的半导体材料和制造技术具有不同的健壮性特征，并且某些在消费产品中表现完美的半导体类型可能存在缺陷，会妨碍其在飞机系统中的使用。在选择器件之前，进行分析以确定其半导体材料、结构、特征尺寸、栅极类型和编程方式等因素在飞机的所有潜在运行环境条件下是否会影响系统的安全性。

（12）单粒子翻转

单粒子翻转（SEU）的考虑与半导体技术有关，因为半导体对 SEU 的敏感性可能会有极大影响。某些类型的器件更容易受到该错误源的影响。软错误或多或少影响所有技术，但可以通过架构缓解或周期刷新数据等系统级设计加以缓解。硬错误更为严重，它依赖于半导体技术，并会改变 PLD 中的逻辑码。

（13）PLD 资源量

可编程逻辑器件的资源量不仅影响电路设计的数量，在某些情况下，对资源明显过剩的器件，审定机构可能会关注对未使用资源的处理问题。调整 PLD 的资源量以适应其应用，同时预留设计余量，使其保持在合理范围内。

（14）速度

如同更多的资源量，更快的速度并不总是更好。速度越快的器件可能意味着对噪声和错误信号的敏感度更高，在电路板级的串扰和反射越多，辐射噪声也越多。

（15）闪存设备的数据保持

基于 Flash 的 PLD 的数据保持时间是有限的，该期限可能取决于温度。不要仅仅依赖数据手册首页上的数据保持时间，还要研究数据手册中的数据保留表获取更真实的数值。如果器件在高温下工作，则比宣称的 20 年或更长时间的数据保持时间可能会大大缩短。

（16）上电性能

有些器件每次上电都必须从外部存储器加载其配置。如果配置时间大于指定的启动时间或系统所需的可用性，则选择它可能不明智。

6.3　设计理念

设计理念运用精神状态、思维过程和设计规则来指导设计过程，为安全可靠的设计提供坚实的基础。设计理念形成的心态和态度有助于实现高完整性设计。

DATDP 的核心是一组规则，它们共同构成了一种设计理念。以这种设计理念为基础，能够创建安全且可靠的设计。这些规则被戏称为"罗伊规则"（Roy's rules），有时很琐碎，但从本质上讲，它们体现了一种工程思维，当将其应用于设计时，可以建立一个可靠、高度完整的系统而不是一个脆弱或勉强的系统。

罗伊规则 1：推卸责任代价高昂（或承担自己的责任）。

经验表明，问题解决得越晚，解决起来就越困难，代价也就越大。类似地，将任务传递给产品的下游用户也会产生类似的效果，并增加出错的可能性。例如，如果需求开发人员不想花费大量精力编写需求规范的详细内容，而是选择让文档的读者"自己弄清楚"，那么需求就会变得更加昂贵，同时增加出错的可能性。考虑到一个文档（在这种情况下，或考虑到一条需求）通常会有一位作者和许多读者，作者最了解该主题，与其他任何人相比，可以更有效地提供详细信息。而读者缺乏相应的专业知识，需要花费更多时间来生成相同的信息，那么让读者自己获取详细信息至少是一项糟糕的业务决策，更严重的还可能是一项带来问题的决策，因为读者在获取该信息时更容易犯错误。假设需求编制人员可以在 5 分钟内写出一个需求的详细信息，而读者可能要花 10 分钟自行解决，如果有 10 个读者将使用该需求，那么因作者未能提供详细信息将使得该需求的成本增加了 20 倍。如果将该数字乘以文档中不完整需求的数量（考虑到该作者的态度，这可能很重要），然后我们很快就能发现，将细节的解读委派给读者的简单行为可能导致代价非常昂贵，甚至这还不包括修正可能发生的错误带来的时间成本。

需求编制人员容易将一些细节留给读者去理解，通常是为了避免将时间花费在他认为的读者能够自己理解的事情上，然而没有意识到读者的知识或经验存在差异。如前所述，将文档的细节交由读者理解可能造成时间和精力的浪费，若对需求理解错误并将其用于验证会带来延期和错误（甚至如果验证工程师错误地解释了需求并创建了错误的测试用例，情形会更加严重），最终这些错误的解释没有被及时发现而被引入硬件，这会带来昂贵的硬件修改成本。DO-254 将完整性列为验证的目标之一，这意味着衍生需求如果没有提供所有细节则是不充分的，应该予以纠正。

HDL 源代码缺省注释是另一个反面典型。原因通常是设计人员认为（意愿是好的）将某些工作留给读者去完成是无关紧要的，并且会节省自己的时间和精力，而没有意识到这会耗费读者许多倍的时间和精力。例如，在后期项目进行更改或者后期在新的应用程序中复用代码时评审代码。与需求一样，注释不佳的代码需要读者自行解释并弄懂其功能，这意味着存在误解的可能，如果错误进入最终硬件，则可能导致更严重的延迟和成本。注释完好的代码通常包含比代码行更多的注释行。尽管对于某些人来说这似乎没有必要，但对这种缺少注释的代码进行评审的人或者后续开发的人，都可以证明将细节交给读者并非节省时间和精力的方法。

罗伊规则 2：可预测性可能会让人枯燥，但在电子产品中却很重要。

确定性操作，即系统每次运行时的运行方式都没有变化或没有不确定性，这是一种行为特征，当人表现出这种特征时，可能会非常无聊，但在电子系统中却极具吸引力。一个确定性系统在所有运行条件下的行为都是可预测的，无论它从系统的其他部分接收到什么输入，本质上都无法改变它的行为。当一个系统或电路被设计成按照这种方式工作时，它在本质上不受外部影响，包括不正常的输入。然而，并不是确定性的行为产生了这种免疫；相反，确定性和免疫性都是一种系统或电路的特征，这种系统或电路独立于其环境，而不是对其环境做出反应。或者，如果系统的输入定义了它的数据输出，而不是它的操作和行为，那么系统就会表现出确定性行为。

图 6-1~ 图 6-3 给出了这个概念的一个非常简单的示例。图 6-1 是一个非常简单的有限状态机（finite state machine，FSM），它实现了模数转换器（ADC）的控制接口。对带有反馈的器件来说，该控制电路的实现方式非常典型。在这种情况下，状态机保持在空闲状态，直到它接收到转换触发，此时它递增到状态 1 从而在 ADC 中启动转换周期，然后递增到状态 2 以等待 ADC 的转换结束（end of conversion，EOC）信号。当接收到 EOC 信号时，状态机切换到状态 3 将 ADC 读取控制信号置为有效，然后切换到状态 4 来读取 ADC 的输出数据，然后再回到状态 0 等待下一个转换触发。

对该状态机的设计实现进行检查，可以发现：潜在的故障模式会使状态机一直锁定在状态 2，因为状态机在转换信号未按预期到达的情况下锁定该状态。如果在源代码和综合工具中均未正确管理的话，则还有三个未使用状态（状态 5、6 和 7）可能成为未定义状态。

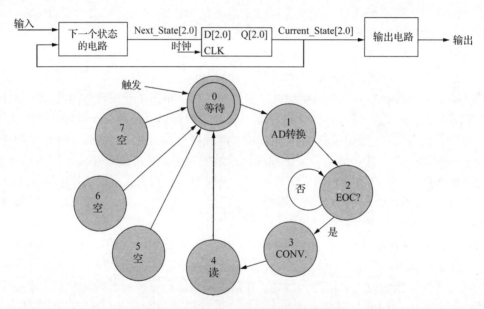

图 6-1　示例一：典型的 FSM 控制电路

该电路的改进如图 6-2 所示。图 6-2 中的电路使用了一个计数器来代替状态机。计数器由转换开始触发器重置为零，然后从零递增到其终端计数，然后再锁存并等待下一个转换触发。ADC 的控制信号是通过对计数进行解码而生成的。该电路是半确定性的，因为它与上一示例中的状态 2 不等效，也不包含未使用的状态，但是它包含将计数器重置为零（其起始状态）的触发输入。

这两个示例之间的重要区别是，如果示例二使用与示例一相同类型的异步 ADC，则将计入 ADC 的最大或最坏情况转换周期（摘自数据手册），然后读取输出数据，而不是等待来自 ADC 的 EOC 信号，从而以开环方式操作 ADC。但是，对于这种类型的电路，更好的选择是同步 ADC，其中由该电路生成的控制信号明确控制转换及输出。

对于异步 ADC，使用计数状态来标记时间的好处在于，无论 EOC 因任何原因无法出

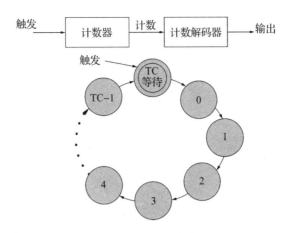

图 6-2　示例二：确定性电路

现时，可确保电路不会挂起。因此，故障的 ADC 或中断的 EOC 信号带来的影响最多导致空数据，丢失采样或数据无效，这些数据可以在系统级进行管理，并且不会以任何方式影响电路的工作。这种方法在电路（和系统）的运行特性和数据特性之间创建了一个明显的边界，特别是无论数据或其来源是否损坏还是无法维持，都将确保电路正常且确定地运行。

图 6-3 显示了这些示例电路中最具确定性且最可靠的电路。该电路在示例二中进行了改进，方法是删除触发器输入并将电路变成一个自由运行的计数器，该计数器独立于所有外部信号（时钟除外）运行。在其他所有方面，该电路与示例二操作相同。

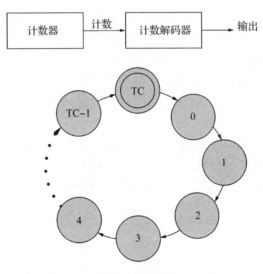

图 6-3　示例三：更多确定性电路

此电路方法在主控角色中发挥最佳作用，在该角色中，计数器为系统建立了周期性或帧速率，因此，最常用的方法是在比示例中更高的级别上使用。在这种类型的系统中，每个功能和电路都通过解码中央计数器生成的计数来进行操作和计时，从而确保系统的各个方面相对于整体操作以及彼此之间都准确计时。使用这种类型的集中自由运行计数器设计的系统将表现出真正的确定性行为，在系统开始运行后的任何时间点，每个节点，寄存器甚至数据值都可以精确预测和建模。

罗伊规则 3：使用 HDL 设计逻辑而非行为。

在 HDL 设计的三个级别（行为、RTL 和结构化）中，寄存器传输级别（register transfer level，RTL）与 DO-254 中的目标和过程最为兼容。RTL 设计与要求的引脚级描述以及相应的引脚级测试兼容。由于结构化 HDL 的设计表达等级非常低，它会通过要求将 DO-254 中的过程和方法应用于子功能级别来增加项目的成本。行为 HDL 的优点是可以在功能级别上表达 PLD 设计，它可以在项目的设计阶段节省时间和精力，但是由于代码是描述设计的行为，而不是描述硬件本身，因此逻辑设计将留给设计工具而不是设计人员。由于设计工具中的流程和算法对设计人员来说是不可见的，因此除了通过彻底地测试来最终确定由这些工具创建的电路是否就是设计人员想要放入其设计中的电路之外，别无他法。此外，设计编码处于较高级别会产生较大的元素，这会影响设计的元素分析。这些松散的末端代表了设计保证中的一个庞大的未知项。

RTL 编码是这两种编码方法之间良好的折中。它允许设计人员对设计的实现进行高度控制，同时将元素的大小和复杂性与 DO-254 描述的电路卡保持在相同级别。RTL 编码的另一个优点是，当使用工具中产生问题缩减功能时，RTL 较低的设计表达等级使设计避开综合过程中可能遇到的许多陷阱。在本章 6.4 节的第二个示例电路中讨论了这种现象。

罗伊规则 4：即使没有人开枪，也要确保电路防弹。

对于重视 A 级设计的严谨的工程师来说，这应该是显而易见的。设计一个有效的电路往往是不够的。负责的设计人员往往专注于安全性和可靠性，会尽其所能确保他们的电路是"防弹"的，并且在任何可预见的工作条件下都不会出现失效或行为异常（FAR 的这一句话现在应该很熟悉）。在本章设计执行部分的第一个示例电路中讨论了该定律。

罗伊规则 5：使用自上而下的设计或准备自下而上。

自上而下的设计是定义系统功能和设计的唯一推荐的方法。先在最高级别定义系统或功能，然后再向下分解至设计的最低级别。自下而上的设计是从一个最底层的元素定义一个系统或设计，然后试图向上开展工作以定义该系统，我们从不建议这样做，因为这样做通常会导致奇怪的设计和计划的灾难。但是，自上而下的设计和自下而上的实现相结合，即从上到下定义和设计硬件项目，然后从下至上进行组装和测试，结果会是两全其美。

罗伊规则 6：找到自己的失败模式。

在两个地方应用此规则：第一，找到设计所有可能的和潜在的失效模式；第二，找到并了解我们自己的失败模式，换句话说，就是了解自己和团队的问题，以便能够防止自己破坏自己的工作。第一种方法实际上是最简单的，因为设计通常很简单，可以分析所有可能的失效原因。而第二点可能是复杂和困难的，因为人的本性和经验不可预测。然而，"认识你自己"能够让我们明白自身局限性、偏见和怪癖及其对工作的影响，这将有助于我们减轻负面影响。

罗伊规则 7：从不假设。

假设是基于知识缺乏的一种决策——充分了解情况就意味着假设是不必要的。有些假设可能基于不完整的知识，而不是没有知识，但即使这样，仍然是知识的缺乏导致了假设，而不是明智的决定。做出假设可能会危害所有下游的决策和行动，因此最好的做法是避免做出假设，并尽可能多地依赖于明智的决定。

罗伊规则 8：不要自找麻烦（避免总比缓和好）。

这意味着最好避免任何有风险或有问题的设计特性，而不是先加入然后减轻其影响。例如，独热码状态机可能不可靠，因此与其将其设计成 PLD，然后寻找减轻其弱点的方法，还不如完全不使用它们，而是依赖于更可靠的其他类型的替代电路。无论缺陷如何得到减轻，有意地在设计中引入缺陷还是会导致其与安全关键设计的目标不兼容。

罗伊规则 9：DO-254 是我们的朋友。

DO-254 是行业最佳实践的集合。如果应用得当，它们可以提高系统的可靠性，甚至降低开发成本，因此，我们应该接受 DO-254 中的流程，而不是回避或避免。事实上，考虑到 DO-254 包含最佳实践，任何创建 A 级硬件的人都应该遵循 DO-254。

罗伊规则 10：及时评审或后期付费。

跳过或略过同行评审，甚至进行低质量的评审，会节省时间和金钱。然而，这只会导致错误被忽略，从而使它们传递到下游，并且纠正成本更加昂贵。花一点额外的时间和精力在同行评审上，以确保评审是完整的和彻底的，要比解决由于评审不充分导致的问题容易得多，代价也没那么昂贵。

罗伊规则 11：去处理它。

A 级硬件设计通常是困难的和昂贵的。从长远来看，与其与之抗争，不如接受并处理它。遵循 DO-254 也是如此：实践 DO-254 最昂贵的方法是尽量避免使用它，你越是试图避免它，它就变得越昂贵。

罗伊规则 12：忽略树。

有时候，尤其是当项目进度落后、时间紧迫的时候，专注于眼前任务的需要会让你很难看清大局。在做决策时，始终记住要考虑每一个决策对项目长期实施的影响，而不仅仅是对短期成本或收益的影响。从长远来看，短期内可能会行之有效、看起来有吸引力或可以解决紧迫问题的方法可能无法长期奏效，甚至可能引起问题。

罗伊规则 13：需求。

正如本书其他部分所述，DO-254 的流程着重于功能和性能，而定义性能的方式则是通过需求。如本书的需求、确认和验证这三章所述，需求的数量和质量将对遵守 DO-254 所需的成本和工作量产生巨大影响。由于需求非常重要，所以在产生高质量需求方面投入大量精力是有意义的。DO-254 的经验表明，当涉及影响开发项目的过程时，需求始终是最具影响力的数据项，因此，在需求偷工减料反而可能导致开发时间、成本和工作量的增加。

需求不是项目的附属物，也不是文档负担。需求是设计和验证过程的关键部分，并且毫不夸张地说，需求的质量将决定整个项目的进行。因此，我们应该尊重需求，决不试图通过减少投入的工作量和时间来节省时间和金钱。

罗伊规则 14：不需要相信。

对我们的设计有信心很容易，但现实往往是，我们的信心放错了位置，或者不现实。换言之，仅仅相信某件事并不能使它成为事实。基于信仰的认证不是遵守 FAR 的公认方法；唯一可以接受的方法是使用硬数据支持所有决策和主张，因此我们需要知道而不是相信。

罗伊规则 15：没有希望。

"希望"是那些永远不应该进入 A 级设计业务的术语或概念之一。我们永远不应该希望我们的设计是安全的，我们应该只知道事实。如果我们发现自己希望获得最好的成绩，那么我们可能就没有勤奋工作。在 A 级设计中，不应该有希望，只有确定性。

6.4 设计执行

设计执行结合了 DATDP 的器件选择和设计原理，并将其应用于单个电路的创建。设计执行最好通过简单的电路示例来呈现，而不是描述和概念。以下 FPGA 设计示例描述了实际的电路问题，以说明如何使用设计原理来创建更可靠的设计并减少潜在的误差源。

例一：移位寄存器

移位寄存器是最简单和最有用的基本数字逻辑电路之一。然而，由于其简单实用，通常不会对其进行仔细检查，可能会被忽略而成为潜在的错误源。图 6-4 展示了一个简单的三级移位寄存器，它在 FPGA 公共时钟的上升沿会产生移位。检验此电路并应用罗伊规则 6（找到自己的失效模式），有一个潜在的错误模式或缺陷是基于移位寄存器的工作原理：相对于其时钟输入的上升沿，每个寄存器的输出保持时间必须等于或超过以下寄存器的输入建立时间。换句话说，如果寄存器的时钟沿和输入建立时间之间的时序与前一个寄存器的输出保持时间之间的时序偏离正常规格，则移位寄存器将不再正常工作。这些偏移可能是由许多因素造成的，包括前一个寄存器的输出保持时间的减少、输入建立时间的增加或时钟有效沿的不平等延迟。其中最常见的是由于布线延迟而导致的时钟沿延迟，这会导致时钟沿到达每个寄存器的时间不同（时钟偏移）。

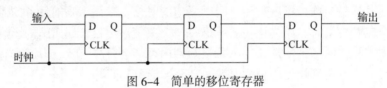

图 6-4　简单的移位寄存器

图 6-5 给出了移位寄存器正常工作时的典型波形。其中时钟的上升沿同时到达三个寄存器。从波形中可以看出，输入数据流的每一位都经过三个寄存器移位，并出现在寄存器的输出端。

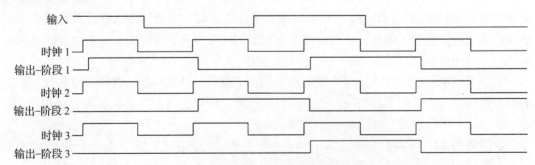

图 6-5　正常工作的移位寄存器波形

与正常工作时的移位寄存器相比，图 6-6 显示了移位寄存器的波形，其中时钟的上升沿延迟到达三级寄存器中的第二级。由于时钟的上升沿晚于第一级移位寄存器的保持时间到达，第二级寄存器将立即移入进入第一级的数据，使数据的每一位同时移入第一级和第二级。

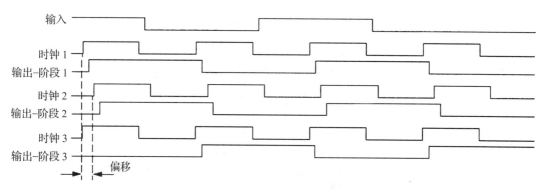

图 6-6　处于第二阶段伴随时钟偏移的移位寄存器

时钟偏移可能由多种因素引起，以下任何一种皆有可能：

①未能在设备中使用专用的低偏移时钟网络；

②专用低偏移时钟网络无法达到其预期的性能（在实际设备中，这些网络偶尔会出现引发移位寄存器故障的偏移）；

③由于可用时钟网络的时钟过多，因此需要使用常规布线资源；

④当时钟的分配与工具的布局规则相冲突，布局布线工具会自动从时钟网上删除时钟；

⑤由于对网络的访问由引脚分配决定，输入信号分配到设备的错误引脚上，会导致时钟不能放置在时钟网上。

由于引入时钟偏移可能有多种原因，而某些原因可能是设计人员未留意甚至未知的，应用罗伊规则 4（即使没有人开枪，也要确保电路防弹）是防止潜在时钟偏移问题的好方法。

如何设计可靠的移位寄存器？由于问题源于时钟偏移超过了前一级移位寄存器的保持时间，假设这种时钟偏移无法解决，那么逻辑上的替代方法便是设计不受时钟偏移影响的移位寄存器（当然是在实际可行的范围内），另一种方法是强制前一级的保持时间超过任何预期的时钟偏移。

图 6-7 说明了使用同步逻辑进行此操作的一种方法。该方法中，在移位寄存器的各阶段之间插入额外的寄存器（触发时钟沿与原寄存器相反），以实现移位寄存器各阶段之间的受控延迟（与之相对的是，如果在各阶段之间添加异步逻辑，就会出现非受控延迟）。虽然这可能使移位寄存器中的寄存器数量几乎增加一倍，但是在寄存器资源丰富的 FPGA 中，增加寄存器的成本可忽略不计。

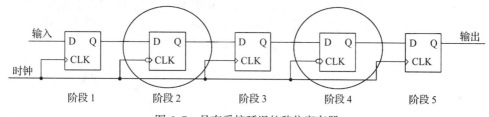

图 6-7　具有受控延迟的移位寄存器

图 6-8 给出了该移位寄存器的波形。由于新插入的移位寄存器在时钟的下降沿工作，因此移位寄存器将在从时钟的上升沿到下降沿的任何时间内的任何时钟偏移量下都能正确运行，对于对称时钟而言，这大约是时钟周期的一半。

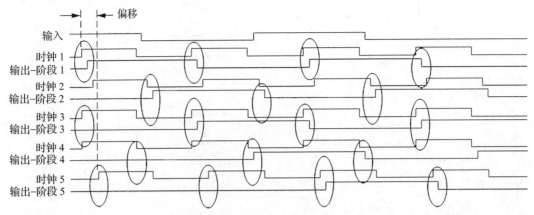

图 6-8　具有受控延迟的移位寄存器波形

正如前面提到的，从该示例获得的启发不是如何设计移位寄存器，而是运用高完整性的设计原理甚至可以预测和识别最简单和最不受关注电路（一般是可以避免详细检查的）的潜在失效模式。识别和纠正这些缺陷可以显著降低潜在失效的概率。

例二：综合工具

电路设计人员，特别是经验较少的设计人员，往往过于相信他们的设计工具。问题是，这些工具可能并不值得完全信任。

图 6-9 显示了一个非常简单的时钟分频器的 VHDL 代码，该时钟分频器将源时钟除以 3。它只是一个模 3 计数器，从 0 开始计数到 2，然后又回到 0，其中计数 3 是未使用的计数。该电路中没有复位，因为使用它的同步设备在复位期间需要其时钟才能运行和初始化。该代码的电路图如图 6-10 所示。由于计数器的最高有效位被反馈到其同步清除输入端，因此计数值"2"和

```
process(clock)
begin
if rising_edge(clock)then
  if Q(1)='1'then Q<="00";
  else Q<=Q+1;
  end if;
end if;
end process;
```

图 6-9　用于简单时钟分频器的 VHDL

"3"（二进制值 10 和 11）都将导致计数器同步复位并重新启动其计数序列。因此，如果计数器由于任何原因达到计数值"3"（11 个二进制），它将立即恢复并重新开始。

图 6-11 是综合工具预期输出的逻辑图，其真值表表明它的行为应与原始设计相同。

图 6-12 是综合工具（综合时钟分频器的 VHDL 代码）实际输出的逻辑图，可直接从其输出的综合网表中获取。快速分析综合输出将发现它在计数值为"3"时会锁存，这也

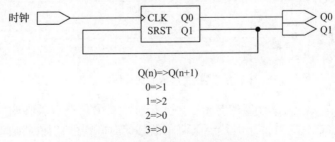

时钟

```
CLK   Q0
SRST  Q1
```

Q0
Q1

Q(n)=>Q(n+1)
0=>1
1=>2
2=>0
3=>0

图 6-10　简单时钟分频器的逻辑图

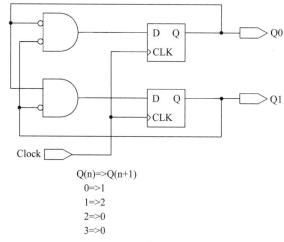

Q(n)=>Q(n+1)
0=>1
1=>2
2=>0
3=>0

图 6-11　综合工具的预期输出

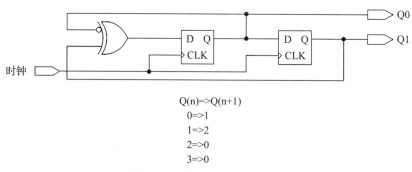

Q(n)=>Q(n+1)
0=>1
1=>2
2=>0
3=>0

图 6-12　综合工具的实际输出

与原始电路预期表现不同。这是潜在的失效情况，由于电路产生的时钟可能导致系统锁定并发生故障。硬件测试表明，PLD 实际上在上电或电源瞬变期间会锁定，因为电路中的两个寄存器会随机初始化为 3。

据综合工具制造商透露，工具按照设计进行综合：将电路识别为模数为 3 的计数器，并有意地将电路的拓扑结构更改得尽可能高效（消除未使用状态可减少一两个逻辑单元的电路尺寸）。不幸的是，这样做的代价是将未使用的用于失效安全的计数器变成了可能导致系统失效的缺陷。工具制造商还透露，有问题的归约算法无法在该工具模型中关闭或取消。由于设计工具用户界面中没有软件"开关"来关闭该功能，因此设计人员无法知道该算法是否存在，更不用说它可能引起问题了。

用于 PLD 逻辑简化的综合工具是在前述"器件选择"时讨论的能力 / 复杂性权衡的另一个示例，功能的增多意味着复杂性的增加，这通常会增加使用时的不确定性。由于设计保证的目标本质上是将不确定性降低到可控水平，因此，任何可能增加不确定性的器件、工具、设计特性或设计方法均与该目标背道而驰，需要有针对性的方式对此加以处理。在这种情况下，由于使用 PLD 进行设计时，除了综合工具外别无其他选择，并且由于综合工具是设计过程中不可或缺的一部分，因此可以采用一些方法来缓解这种影响（这只是一个案例，谁知道有多少这样的特性存在于这些高度复杂但功能强大的工具中）以此来保证设计的实现处于某种程度的控制下（因此具有确定性）。

综合工具非常擅长识别某些代码的构建和设计技术，常在设计人员未知晓（或准许）的情况下，应用其技术优势对其进行改进。绝大多数情况下，这种工具辅助是有用的，但若考虑高可靠性设计的环境时，像本例这样罕见的"故障引入"状况仍然会频繁出现，值得关注。应该尽可能进行预测，然后通过防护设计技术来减轻这种影响。因此，如果电路有可能通过工具选择被"改进"，或者如果应用罗伊规则 6 表明电路拓扑固有失效模式具有潜在风险，则应采用这样的方式设计——防弹或尽量最小化工具识别它的概率。

常见的电路拓扑，如计数器和有限状态机，最有可能被综合工具修改。这个问题的本质是，综合工具识别电路并对其进行操作，试图对其进行优化，但这样做是以牺牲功能和健壮性为代价的。为了防止工具识别并修改电路，而不是仅仅依靠设置开关来抢先设置工具以禁用无法完全预测的优化功能，可以使用罗伊规则 3 中包含的方法，是在不使用行为级 HDL 的情况下设计逻辑，这其实是将实际的逻辑设计交给了设计人员，而不是依靠综合工具来进行设计。这种方法可以与通常使用的行为 HDL 设计功能（例如，有限状态机）和复杂的数学函数（例如，乘法器）配合使用。但是，对于本例中已在 RTL 级上设计逻辑的电路，另一种选择是设计电路，以最大限度地减少工具根据其本身识别出它的概率或者作为替代，以一种使电路不再像其标准形式那样的方式修改电路拓扑。

图 6-13 是修改后的三分频器的逻辑图，通过插入寄存器中断了终端计数的反馈路径，可以降低综合工具将电路识别为模计数器的概率。增加的寄存器还会改变计数器的行为——计数器仍然会正常计数，但不再依赖异步反馈的终端计数值。

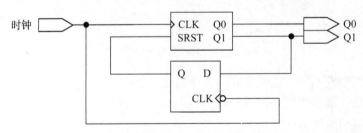

图 6-13　反馈路径中断的模计数器

当综合工具使用与原始设计相同的设置来处理该电路时，网表如图 6-14 所示。显而易见，该电路与图 6-11 所示的预期综合结果相同，只是在反馈路径中增加了延迟寄存器。分析它的运行结果，得出真值表，如图 6-14 所示，表明该电路的运行也与原始设计相同。因此，通过添加寄存器，该计数器能够避免综合工具带来的问题，并保留其原始（和安全性）功能。

请注意，一些综合工具制造商已经意识到这一问题，并推出了带有"安全性"选项的工具，这些工具避开了可能引入故障模式的优化功能。对于从事高可靠性设计的人员来说，这是一个极其受欢迎的功能。但是，即便有了这个不错的补充，设计人员仍应继续实践具有安全性和防护性的设计技术。

这个例子说明了，如果设计人员过于相信他们的工具，就会出现问题。实际上，相信工具是大多数设计人员的第一动力。工具引发失效模式的一个隐患是：这些失效模式大多数（即使不是全部）都是潜在的，并且不会通过基于常规需求的验证来揭示。设计按照

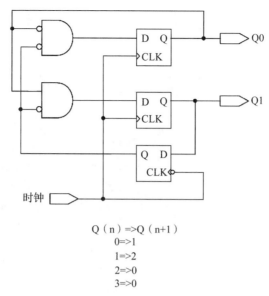

Q（n）=>Q（n+1）
0=>1
1=>2
2=>0
3=>0

图 6-14　反馈路径中断的模 3 计数器的实际综合结果

预期的功能运行并满足设计需求，因此能够通过所有基于需求的测试。要找到这些工具引起的失效模式，还需要进行附加的健壮性验证，并针对可能包含潜在失效模式的电路类型（例如，有限状态机和计数器）进行验证。

在涉及无法完全理解的复杂工具时，设计人员应尽可能多地去了解这些工具，切勿完全信任它们。此外，设计人员应禁用尽可能多的高级功能，并且永远不要主观认为工具会正确实现设计的预期功能。设计人员还应关注设计中的推断功能，并且创建验证标准，以解决所有可能由工具引起的错误，如计数器和状态机中未使用的状态。

DATDP 是一种最纯粹、最丰富的工程文化和工程典范，仅用一个章节的内容无法阐述所有的方面。然而，无论是基于本章提供的资料还是基于为公司或个人定制的类似理念，本书介绍的内容都可以作为 DATDP 入门参考。因此，无论是被称为罗伊规则、Larry条例、Mark 授权或其他任何名称，DATDP 都应以某种形式成为高完整性设计环境的构成部分。

第7章 验　　证

验证用于确保硬件满足需求。无论是分配的需求、分解的需求还是衍生的需求都应进行验证。根据需求评估硬件的设计实现，以证明硬件能够执行预期的功能。由于验证是基于需求的，因此需求的质量越高，执行相关验证就越容易。

验证活动包括评审、分析和测试，A级和B级硬件需要独立验证。独立性可以通过除作者以外的人对数据进行技术评审来实现。当利用工具评估数据的正确性时，也可以使用工具来实现独立性，如测试结果检查工具。

评审是定性评估，而分析是定量评估。评审是根据一系列标准检查文档或数据，分析是评估硬件设计或电路的可测量或可计算的性能或行为。

测试是一种可以观察和测量实际硬件行为的特殊方法。

硬件验证计划中包含验证活动、方法和转换准则。图7-1展示了硬件研制生命周期中的验证活动。

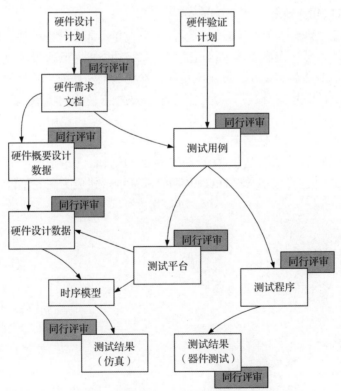

图 7-1　硬件开发生命周期的验证活动

本章中，"测试平台"看作是仿真中使用的测试程序的同义词，因为在 HDL（尤其是 VHDL）领域中，它们具有类似的用途。"Test Procedure"按字面意义使用，即指硬件测试所用的程序。

在计划阶段便开始考虑验证的策略是行之有效的。应评估每个硬件需求适合的验证方法：评审、分析和／或测试，然后选择并记录每个需求的最佳验证方法。对于 PLD 需求，适合的分析手段包括功能仿真以及对布局后时序模型的分析。在仿真工具中，时序分析针对的是布局后的时序模型，分析结果包含来自布局工具的静态时序分析报告和针对时序模型的仿真（动态时序分析）结果。测试计划的示例如表 7-1 所示。

表 7-1　测试计划示例

需求编号	评审	分析	仿真		在线测试	
			功能性	布局后时序	电路板测试	硬件／软件集成
功能元素 023（UART）						
HRD-ABC-123-001	HRD 评审	动态时序	×	×	×	
HRD-ABC-123-002	HRD 评审	动态时序	×	×		×
HRD-ABC-123-003	HRD 评审	静态时序	×			×
HRD-ABC-123-004	HRD 评审	动态和静态时序	×	×		×
HRD-ABC-123-005	检查	静态时序	×		×	×

7.1　功能失效路径分析

在验证过程之前应进行功能失效路径分析（FFPA）。FFPA 用于确定设计的哪些部分可能会导致灾难性（A 级）或危害性（B 级）失效。A 级和 B 级功能路径中的电路应采用 DO-254 附录 B 中所述的附加验证方法。

功能失效路径分析是从系统级功能失效路径开始的自上而下的分析。在功能危害性评估中，针对分类为灾难性或危害性的每个系统级功能确定功能失效路径。系统级功能失效可能是主飞行显示器上提供误导性的数据或者飞行主操纵面发生的非指令性移动。"分析"是指识别系统级功能失效路径中的电子硬件，然后将电子硬件功能失效路径分解为构成该路径的电路，将电路功能失效路径分解为构成该电路的元件，最终识别电路内的元素。

电路元素可以认为是一个小功能，处于设计抽象的最低级别，无须进一步分解即可进行详尽的分析和测试。换言之，电路元素是设计工程师在创建设计时使用的最小功能块。例如，电路板的设计人员设计的是滤波器而不是滤波器使用的运算放大器的内部结构。对于电路板来说，元素是可测试的具有良好界限和明确特征的电路功能。电路板上的电路元素包括放大器、比较器、滤波器、模数转换器（或数模转换器）或离散逻辑等。

元素的尺度也可以根据测试和验证工具的检测能力来定义。对于 PLD，元素的有效定义是具有 12 个或更少输入的逻辑功能（以确保与代码覆盖工具操作兼容）。PLD 元素的例子包括 RTL 级模块构建功能，例如，计数器、解码器、比较器、多路复用器、寄存器或有限状态机。

功能失效路径分解示例（见图7-2）显示了主飞行控制系统丧失移动能力而造成的系统级功能失效路径。该示例说明了作为输入的传感器对功能失效路径的影响。

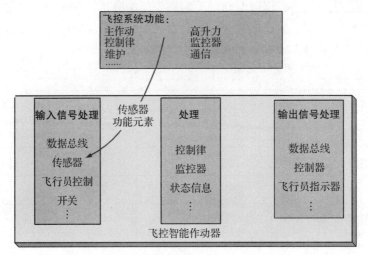

图7-2　因丧失移动能力而造成的系统级功能故障路径（执行器改为作动器）

图7-3显示了从传感器功能失效路径到电路板中硬件功能元素的分解。

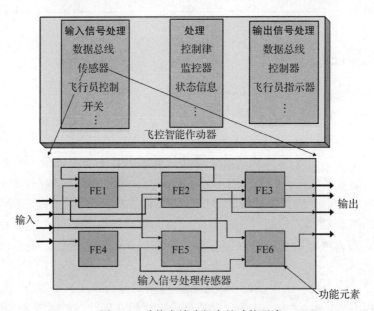

图7-3　功能失效路径中的功能元素

图7-4显示了电路板中的功能元素分解为实现该功能的基本功能或电路。图7-5显示了每个元素功能的电路。

另一个示例（虚构系统仅供参考）展示了PLD如何在FFP分解中起作用。此示例具有两条FFP：一条用于控制作动器输出，另一条用于位置反馈和监控。系统框图如图7-6所示。

FFP 分解自顶向下，直到基本功能：

（1）系统级到硬件级；

（2）硬件级到电路级；

（3）电路级到元件级；

（4）元件级到元素级。

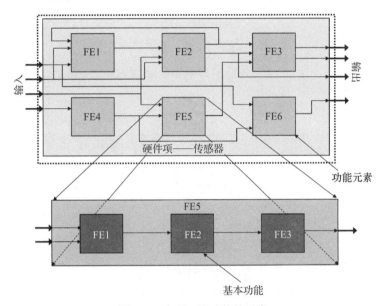

图 7-4　实现一个功能的元素

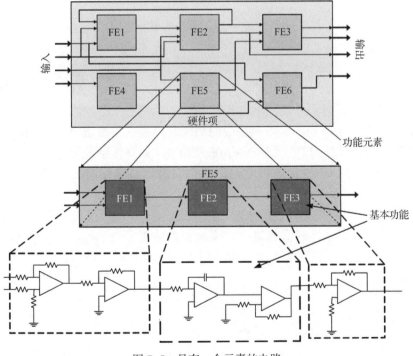

图 7-5　具有一个元素的电路

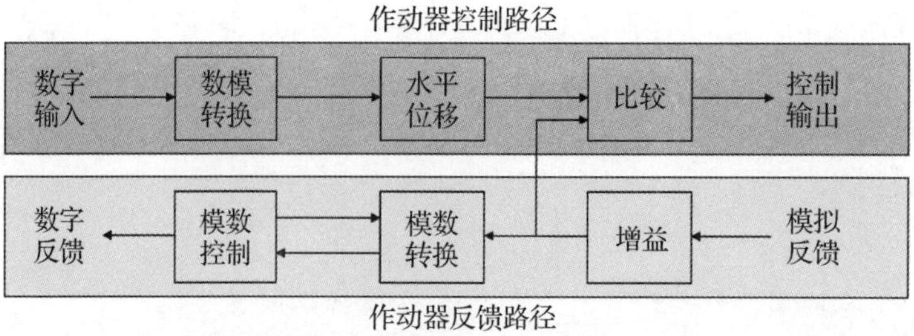

作动器控制路径

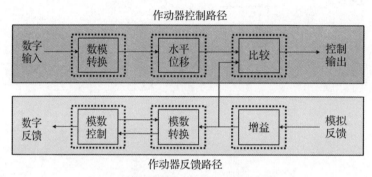

图 7-6　具有两条功能失效路径的飞控

图 7-7 显示了功能失效路径（控制和反馈），每个 FFP 中的电子硬件以及功能元件，如虚线框所示。

作动器控制路径

作动器反馈路径

图 7-7　每条功能失效路径中的功能元素

图 7-8 显示了每个功能失效路径中的功能元素，每个功能元素中的基本功能以及每个基本功能中的元件。

然后，图 7-9 显示了每个基本功能中的元素。在该示例中，一些电路功能元素具有一个电路元件，而其他电路功能元素具有多个电路元件。模数转换器的控制器选用可编程逻辑器件。由于 PLD 完全位于作动器反馈功能失效路径中，因此 PLD 的设计保证级别将与作动器反馈功能失效路径的设计保证级别相同。在这种情况下，PLD 的设计保证级别是 A 级。本示例中的 PLD 还显示了设备中的多个元素。

当 PLD 具有处在多个功能失效路径中的功能时，由于无法证明 PLD 中的门、时钟和电源是完全独立的，PLD 的 DAL 是与各个 FFP 相关的最高级别。即使可以在一个 PLD 中显示 A、B、C 和 D 级功能之间的独立性，但它们仍然共享相同的物理结构、电源和接地。

图 7-10 显示了 PLD 功能失效的概念。功能失效来自错误行为的输出。遵循本书中有关需求书写的建议，FFP 将遍历 PLD 中一个或多个功能元素中的一个或多个输出。完成了功能失效路径分析，就要为 A 级和 B 级电路或元件选择附加验证方法。

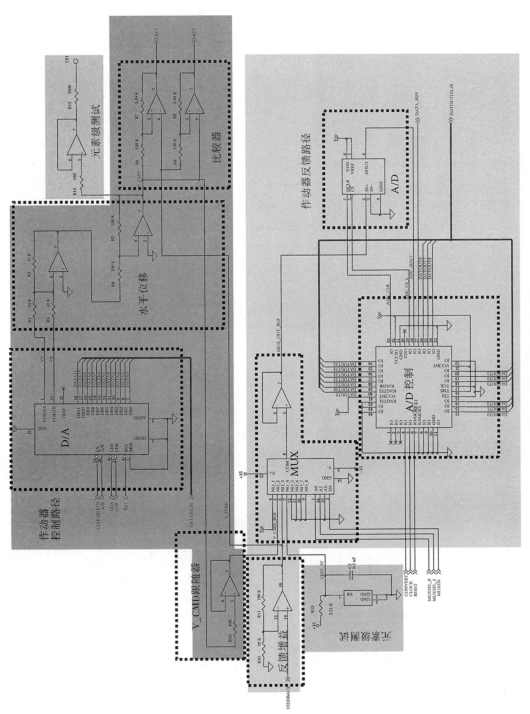

图 7-8　设计中的功能元素

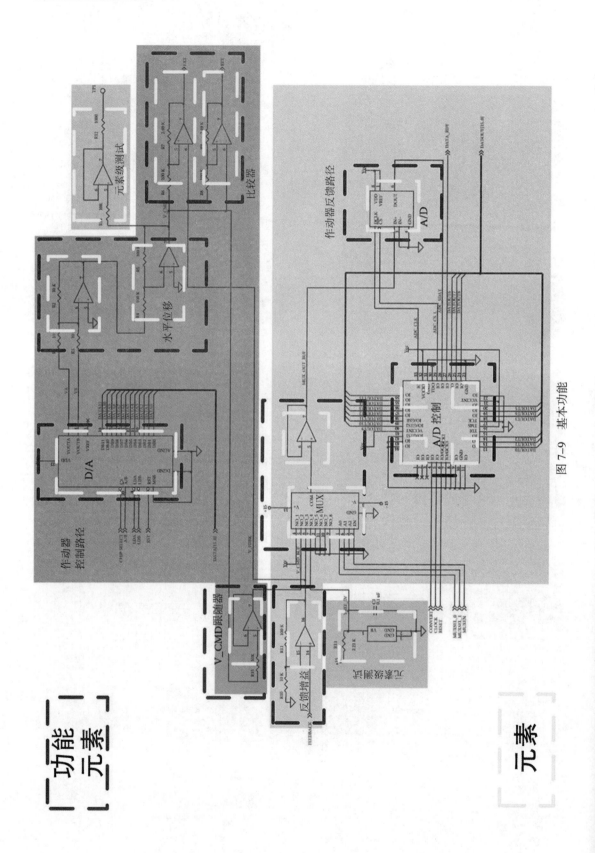

图 7-9　基本功能

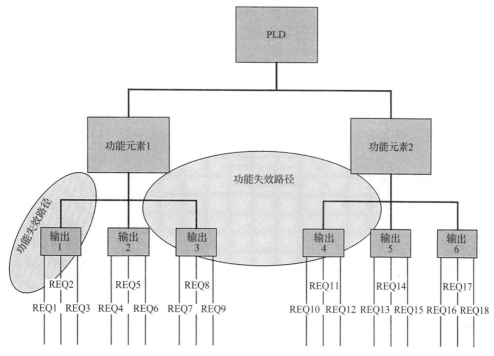

图 7-10 PLD 的功能失效路径

7.2 附录 B 附加验证

DO-254 的附录 B 确定了几种可用于 A 级和 B 级硬件的高级验证方法。至少需要选择和应用其中一种方法进行验证。DO-254 允许提出其他方法进行附加验证，但需要获得审定机构的同意。DO-254 中确定的高级验证方法包括元素分析、安全特定分析和形式化方法。本书将集中于元素分析，因为它是迄今为止最常用的方法，并有商用工具的支持。

元素分析基于需求对相关功能元素进行验证，提供了关于设计（基本功能）覆盖率的度量。换句话说，通过分析验证需求的测试用例或输入和预期输出的集合，来确定相关的硬件设计和电路是否也得到了充分验证。由于元素分析是基于需求验证的，因此构建的需求必须是可验证的，这一点至关重要。结构良好的需求以及表明需求与设计之间关系的追踪数据为元素分析提供了支持。

代码覆盖通常被描述为元素分析，但这种说法并不全面。虽然代码覆盖可以通过仿真来衡量设计覆盖的水平，但它无法评估覆盖的正确性，换句话说，无法确定设计中的元素是根据其功能（通过基于需求的测试）、非功能还是随机的方式执行。通过添加测试向量的方式，可以人为地提高代码覆盖，但这些向量仅用于增加覆盖率，而无须考虑它们是否进行实际验证。尽管这将产生完整的覆盖率，但它对支持设计保证没有任何帮助。

类似地，基于 PLD 的布局后时序模型开展的代码覆盖分析可能会人为地提高内部设计切换覆盖率，因为模型中存在的时延以及通常复杂迂回的信号通路会创造出逻辑的竞争条件，并造成组合逻辑输出端的无效翻转。

设计（HDL 源代码）中的元素（代码行）与布局后时序模型中的网络和节点之间几乎没有相关性，因此布局后时序模型内部的代码覆盖率几乎没有实际意义。此外，DO-254 还指出，应该在设计人员表达设计的层次上进行元素分析（在本例中，HDL 元素应该认为是代码行），而综合和布局网表描述设计的表达水平明显低于实际设计。因此，在功能仿真期间进行代码覆盖度量（HDL 源代码仿真，而不是布局后时序模型或合成后网表）或在布局后时序模型仿真过程中度量输入和输出的切换覆盖时才有意义。如果对测试用例的评审表明在布局后正常仿真过程中所有输入和输出均已正确切换，则可能不需要对布局后仿真的切换覆盖率进行度量；但是，由于代码覆盖率指标是仿真时在后台测量的，所以通常可以在仿真时收集它们，这样既减少了麻烦也更准确。

对于模拟电路和未使用 PLD 实现的电路，无论代码覆盖的程度多高，都无法显示基于需求的测试覆盖了多少设计。虽然当下不常使用，但是通过原理图描述的特定 PLD 须根据设计人员指定的方式对设计进行分析，而不是代码覆盖。由于设计人员指定的是功能而非设计本身，因此用行为级代码编写的或从诸如 System C 之类的高级语言中转换的代码也会出现问题。从需求中提取出设计特性并将其在引脚级进行描述，在寄存器传输级（RTL）表示相关设计时，采用代码覆盖进行 PLD 元素分析是最有效的。RTL 设计会紧密契合引脚级的需求。

使用 DO-254 中关于元素分析的定义，对于具有引脚级功能需求并能有效追溯至 RTL 设计的 PLD，当基于需求的验证完成时，元素分析也就完成了。这是怎么做到的？如果需求得到全面的验证，那么所有输入和输出都被覆盖了。由于设计与需求密切相关，并且设计中没有多余的元素（如通过自上而下和自下而上的追溯性所示），因此基于需求的全面验证即为设计的全面验证。这种一致性是由从输入到输出的需求编写模板自然产生的，该模板包含了上电条件、复位响应以及输出对输入做出的有效和无效响应。图 7-11 展现了需求与设计之间的对应关系。

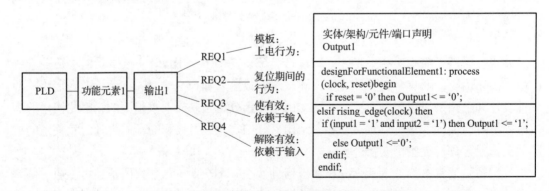

图 7-11　HDL 设计中功能元素和基本功能之间的关系

验证需求的测试用例以及显示需求与设计之间关联的追溯性数据将证明基于需求的验证已完全覆盖了设计。仍应执行代码覆盖以满足 FAA Order 8110.105。另外，当需求、设计和测试用例之间有适当的一致性和追溯性时，可以使用代码覆盖作为元素分析。

元素分析，特别是代码覆盖，可以帮助找出未被测试用例（基于需求的）完全执行的元素。当发现一个覆盖缺陷时，首先应分析该覆盖缺陷去识别缺失的输入组合，然后将这些组合添加到测试用例中。虽然该方法可以消除缺陷并提高覆盖率，但前提是必须确保正确性。

元素分析的目的并不是要完全覆盖设计。事实上，可以说元素分析没有目标，它只是实现了测量设计验证覆盖率的功能——基于需求的验证目标便是实现设计的完全覆盖。因此，当元素分析显示设计未被完全覆盖时，不应将其解释为某种失效。

覆盖不足可能是因为不充分的测试用例、设计错误、未使用的设计功能、冗余的功能、防护性设计实践或需求问题（如多余、遗漏、错误或不充分的需求）。应分析覆盖范围中的每个缺陷，以确定缺陷的原因，然后才能解决缺陷。

纠正缺陷的第一反应是通过添加输入组合以消除缺陷，但这并不能找出导致缺陷的原因。因此，不进行分析就直接添加输入组合是不推荐的。如果需要额外的输入组合，则应通过对其适用的测试用例展开分析，以确定相关需求未被充分验证的原因，再有条理地、有针对性地添加。只有当分析表明测试用例存在缺陷（即需求的某些方面未被测试用例验证）时，才应添加额外的输入。即便如此，额外的输入也应基于未被覆盖（验证）的需求，而不是出于消除缺陷的目的。若分析表明，测试用例已完全验证了所有需求，则应进行其他分析以确定覆盖率不足是否会导致更严重的问题。另一方面，如果分析表明缺陷仅仅是数据总线模式选择的问题（而确切的数据模式并没有功能意义），则可直接修改或添加输入数据。

7.3　独立性

DO-254 要求对所有 A 级和 B 级功能进行独立验证。当验证由设计以外的人员、工具或过程执行时，就可以实现独立性。测试用例和分析可以由硬件设计人员创建，但其后续评审须由设计人员以外的人执行。由于设计人员对硬件的设计非常了解，因此他们的验证工作可能会偏向于检查硬件是否按设计运行。换言之，设计人员验证硬件时往往考虑是否符合其预期设计而不是预期功能，这样会导致共模错误。独立性用于确保根据需求对硬件预期功能进行验证。

独立评审员可以在同一个团队中工作。DO-254 没有规定设计人员必须在设计团队中，也未规定评审人员必须在验证团队中。工具也可以用来实现独立性。例如，经过适当评估或鉴定的仿真工具可以使用自动生成的结果来检查，而不需要人工检查每个仿真结果。

上述关于独立性的讨论以及 DO-254 中的定义，仅依赖于功能或基于角色的独立性，即独立性是根据评审人是否独立于待评审材料来定义的。独立性有一个细微的方面（即文化独立性，DO-254 中没有提及）可能会被忽略。如果没有意识到该问题并做出应对措施，独立性则会被破坏。在本书的讨论中，"文化"指的是组织或者公司的主流工程文化。工程文化对于独立性的破坏不易被察觉且可能难以被识别，更别提对其采取应对措施，但是，它的影响确实存在并可能损害设计保证的完整性。

公司的工程文化可以（而且经常会）影响甚至主导同行评审，实际上或影响工程的所有方面。在大多数情况下，特别是当文化强调设计的完整性和彻底性时，文化的作用是积极的。然而，在某些情况下，虽然符合 DO-254 中的独立性准则，但实际上强大的工程文化可能会左右同行评审的独立性。

如果工程部门约定俗成的实践和标准不足以满足所需的设计保证，即使来自同一环境的评审人员认真寻找，也可能无法识别设计过程中的缺陷。换句话说，如果设计人员在硬件中引入了一个设计缺陷，而评审人员接受的文化和标准错误地认为该缺陷是可接受的，即便独立于设计，也无法识别缺陷。

在编写和评审需求时，可能会出现另一个（可能更常见的）现象。如果当前的工程文化认同糟糕的需求实践，并且也不强调编写和使用高质量的需求，以至于组织中没有人能够识别出一个写得不好的需求，并且需求的创建者和评审者都接受着这种文化，这样即使是独立的需求评审，也只能确认那些写得不好的需求是按照现行标准"正确地"编写的。即使创建者和评审者来自不同的部门（如设计部门和验证部门），也会产生这种影响。

因此，如果不考虑独立性的文化方面，那么即使遵守DO-254独立性定义，也确实有可能无法实现有效的独立性。缓解这一现象可能存在一定困难，但如果评审人员考虑到这种文化的影响，或者评审检查单使用了详细的评审标准并反映出已知的高度完整性概念，那么问题即使没有消除，其影响也会降低。

7.4 评审

所有DO-254生命周期数据都应进行评审。A级和B级硬件需要根据DO-254附录A进行独立评审。评审通常以检查单的形式开展，须记录评审人、评审项和评审采用的标准。评审检查单应参考硬件验证计划或硬件验证标准，并根据硬件构型管理计划存储在构型管理系统中。A级和B级硬件的评审程序或检查单应按照HC1控制。完成评审后，根据硬件构型管理计划，将已填写的检查单按照HC2控制数据存储至构型管理系统中。

硬件文档和数据的评审是通过最初的全面评审来完成的。一旦对数据或文档进行了全面评审，就可以对后续任何更改使用增量评审，即评审标准只用于对数据或文档所做的更改。

进行评审时，应回答检查单的所有问题。任何意见都应记录在检查单上，并与文档作者或技术专家进行讨论。每一条评论都应记录商定的纠正措施。一旦商定的意见得到解决，评审者就可以验证文档是否已相应更新。

检查单列出了一系列问题，以确保硬件设计生命周期数据具有以下特征：

（1）明确——信息和/或数据的记录方式明确，仅允许单一解释。

（2）完整——信息和/或数据包括符合标准的所有必要和相关描述性材料。图上有清楚的标记，所有术语都已定义，并规定了测量单位。

（3）可验证性——信息和/或数据可以被评审、分析或测试是否正确。

（4）一致性——信息和/或数据在文档内或与其他文档不存在冲突。

（5）可修改——信息和/或数据的结构可以在现有结构内完整、一致且正确地进行更改、更新或修改。

（6）追溯性——可以证明信息和/或数据的来源。

同行评审检查单还应包括检查硬件的需求、设计、确认和验证数据等各个方面的评审标准。表7-2列出了要进行的评审及相应的评审检查单。对于设计保证级别不要求的数据项，则不必进行相关评审。

对硬件管理计划和标准的评审通过完整的文档评审完成。文档评审还用于评审硬件构型索引、硬件环境构型索引和硬件完成总结。增量评审可用于后续更改。

需求评审应该将检查单中的问题或标准应用于每个需求。为方便起见，评审人员可以创建一个电子表格，按需求逐个记录检查单结果。设计评审采用检查单中的检查项去评审每一张原理图（或基于 HDL 的设计文件）。评审者可以在电子表格上创建多个选项卡，逐个记录检查单结果。

表 7-2　生命周期数据及其评审检查单

生命周期工作评审	评审检查单
硬件合格审定计划	硬件合格审定计划评审检查单
硬件设计计划	硬件设计计划评审检查单
硬件验证计划	硬件验证计划评审检查单
硬件过程保证计划	硬件过程保证计划评审检查单
硬件构型管理计划	硬件构型管理计划评审检查单
硬件需求标准	硬件需求标准评审检查单
硬件设计 / 编码标准	硬件设计 / 编码标准评审检查单
硬件需求文档	硬件需求文档评审检查单
硬件设计数据	硬件设计数据评审检查单
测试用例	测试用例评审检查单
测试程序 / 测试平台	测试程序 / 测试平台评审检查单
测试结果	测试结果评审检查单
硬件验证报告	硬件验证报告评审检查单
硬件构型索引	硬件构型索引评审检查单
硬件环境构型索引	硬件环境构型索引评审检查单
硬件完成总结	硬件完成总结评审检查单

对测试用例的评审，评审人员应根据检查单的检查项评审每条测试用例，并将检查结果记录在相应的表格中。对测试程序和测试平台的评审，评审人员应根据检查单的检查项开展评审，并将检查结果记录在相应的表格中。对测试结果或仿真结果的评审，评审人员应根据检查单的检查项开展评审，并将检查结果记录在相应的表格中。

评审应明确列出评审结果、差异和不符合评审标准的所有项目。作者应根据评审意见进行必要的更新 / 更改或提供回复，以澄清评审者的所有误解。文档或数据更新后，评审者应检查更新并关闭评审意见。在评审检查单中明确待评审文件的构型标识和版本以及最终修订的文件版本是非常有益的。

7.5　分析

如前所述，分析适用于硬件设计的定量评估。电路设计通常使用热分析来确保设计在超高温和低温下都能在指定的范围内正常工作。此外，还须对电路进行分析，以确保当元件容差变化时，设计可以按指定的方式工作。可靠性分析用于确定设计的实现是否满足可靠性要求。通过相似性分析，可以将设计与先前批准的设计进行比较。

PLD 设计通常使用仿真分析来验证设计是否满足其功能需求。仿真需要大量的计算资源，为了获得最佳性能，建议在运算能力强大的计算平台上运行仿真。一般来说，Linux 驻留系统可以为仿真运行提供最佳性能。运行仿真的工作站或服务器应配置足够的 RAM、高速或固态磁盘以及高速以太网控制器。更高的工作站或服务器时钟速度和多核处理器也将提高仿真性能。在笔记本电脑上运行仿真会降低性能，如果笔记本电脑同时用于电子邮件和文档编辑等办公应用程序，则可能会降低员工的工作效率。工具供应商可以提供关于仿真工具最佳驻留环境的信息。

一旦为需求确定了全面覆盖的测试用例，就可以创建测试平台进行仿真。这些测试平台可以在多个场景或配置中运行，以收集各种类型的数据和度量指标。图 7-12 显示了在 PLD 设计仿真中的应用场景。

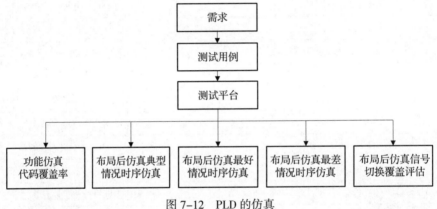

图 7-12　PLD 的仿真

功能仿真针对的是 HDL 代码，使用测试用例中定义的输入激励，在测试平台中实现。功能仿真比时序仿真运行得更快，允许进行调试和设计修改。可使用代码覆盖工具来统计功能仿真覆盖率，覆盖率指标可用于支持元素分析。

布局后仿真是在布局后（有时称为布线后）的时序模型上开展的，该模型是布局布线工具的输出网表，网表中已包含目标 PLD 器件的典型时延信息。该时序模型最大限度地呈现了 PLD 编程后的状态，因此仿真结果也尽可能地反映了 PLD 的实际运行情况。根据时序仿真结果，能够进行最坏、典型以及最好情况下的时序分析。这些分析可用于证明（设计）在任何时序情况下都能满足需求。当与器件测试对比时，典型的时序仿真是非常有用的。此外，布局后仿真还可以验证切换覆盖率——验证所有输入和输出在测试平台执行期间是否都经历了高—低电平的切换。切换覆盖验证了器件信号的使用情况，即静态输入和未使用的输出不会产生切换。

针对 DO-254 基于需求的硬件测试通常在室温下进行。硬件是用实际的电路元件来制造的，但是选择容差最大的元件是不现实的。应分别选择具有最优时序或容差的元件、最差时序或容差的元件，并开展多次测试。布局后仿真可以有效地评估 PLD 在最小和最大传输延迟下的性能。硬件测试须使用标准元件，而不是经过筛选或选定的元件。时序仿真还应提供证据以证明 PLD 满足其要求，并能够为外部设备提供正确的信号，以应对温度、时钟或电压的变化以及 PLD 和 PLD 接口外元件的变化。为获得验证置信度而开展的分析，应说明所使用的程序、所分析数据的构型标识、进行评审的人员、分析结果、纠正设计或数据所需的任何措施以及结果的结论或总结。

当仿真用于 PLD 分析时，应收集来自仿真工具的所有原始数据文件。波形应导出并形成文件，至少进行项目归档。测试用例可以被索引，并且包含在波形中以便在波形文件中快速查找。给测试用例编号是在波形文件中进行索引的有效方法。一些工程师使用"do"文件在波形文件中快速索引时间线，这种情况下验证报告中应列出"do"文件，并与验证数据一起归档。

若不对仿真波形进行手动分析，将真实的时序和逻辑电平与测试用例中的预期结果进行比较，换言之，若测试平台通过评估数据得出通过 / 失败的结果，则应将测试平台写进记录波形数据输出的日志文件中。这些日志文件应该较为详细，包括以下内容：

（1）测试平台的日期、时间、测试人员姓名和构型标识符。

（2）被测设计（正在仿真）的构型标识符。

（3）应用于被测设计的每个激励以及激励的时间戳。

（4）被测设计的每个输出以及输出的时间戳。

（5）对于每个通过 / 失败评估的预期结果、实际结果、通过 / 失败评估和时间戳。

仅简单描述测试结果（通过 / 失败）仿真的日志文件（无论是针对每个预期结果还是针对整个测试用例）不足以证明其符合 DO-254 验证目标。

此外，用于评估数据并生成通过 / 失败结果的测试平台代码应通俗易懂且易于描述，这样通过代码评审确定代码能够被正确评估的结果就具有高度可靠性。显然，测试平台代码的可靠性水平应该与设计的研制保证等级相符。目前还没有关于如何编写此类测试平台代码及其如何工作的官方指导，但明智的做法是尽可能使其简单易懂，以尽量减少出现错误的可能性，从而减少审定机构的顾虑。

对分析的总结应总结验证的要点和结果。分析结论通过数据分析得出，应包括一份说明，表明 PLD 在规定时间、电压、时钟和温度下是否满足操作要求。

DO-254 的 6.2.2 节还提到，应通过分析来评估验证是否完成。验证覆盖率分析是通过评审、分析或测试确定是否验证了所有需求。验证可以在最合适的设计层级上执行。可通过电路板级测试、结合软件测试或在系统及更高层级测试过程中对 PLD 进行电气测试。注意，更高层级的测试仍然要求对 PLD 输入和输出进行控制、观察和记录。验证覆盖率分析还需确定评审、分析或测试方法对需求的适用性。以封闭黑盒的方式进行的系统级测试不适用于基于需求的 PLD 测试。如果 PLD 的输出信号直接连到黑盒输出，且可以观察PLD 时序，则可用于分析相应的 PLD 需求。为了确定这些电路如何影响信号电平和时序，须检查 PLD 和黑盒之间的输出电路。最后，验证覆盖率分析决定了结果是否正确，应比较并解释实际结果与预期结果之间的任何差异。应特别关注与安全相关的特定需求的验证结果，尤其是出现验证结果与预期不完全一致的情况。

7.6　测试

测试是对实际硬件的验证，以表明实现满足需求。测试通常是在实际生产的硬件或与实际生产等效的硬件电路中进行的。与实际生产等效意味着电路和电路板布局与最终在飞机上使用的相同。任何差异均应评估其影响。电路板上的防护涂层是实际生产的电子硬件与实际生产等效的电子硬件之间的典型区别之一，它会对电气测试产生干扰。用于访问器件管脚的测试插头或插座也是对被测件的典型更改。PLD 必须与制造环境中使用的器件类型相同、编程内容和编程方法相同。

测试可以在系统级、电路板级、电路级或元件级进行。DO-254 建议在系统内尽可能高的集成级别上进行测试。以集成度更高的方式进行测试可以更容易地评估接口并检测非预期的作用。处理器板卡的硬件测试可以使用以 DO-178C 为标准执行的软件测试。硬件测试也可以使用现有的产品、环境和验收测试，只要可以与需求进行关联和追溯即可。无论使用哪种类型的测试平台，测试都应对电路和设计进行检测，并记录测试过程中的输入和输出。在对系统采用黑盒测试期间，无法对电路板和 PLD 进行某些检测。黑盒测试不适用于 DO-254 符合性所需的基于需求的测试。

一旦选择的测试用例全面覆盖需求后，就需要创建测试程序来执行测试。这些测试程序可以在电路板上运行，也可以在安装于电路板上的 PLD 接口上运行，或者在独立的 PLD 测试仪上运行。测试结果可通过示波器、电压表、逻辑分析仪和其他测试设备收集。图 7-13 显示了用于测试 PLD 设计的方案。

图 7-13　硬件测试

7.7　测试用例选择准则

虽然 DO-254 没有明确要求将测试用例作为单独的数据项，但经验表明，创建与测试过程分离的测试用例具有很多优势。测试用例是应用于硬件或设计的一组输入，具有一组相应的预期结果和通过/失败准则。测试用例被用作选择硬件测试或仿真的输入集。

对于描述引脚电平活动的需求，验证过程可以优化并提高效率。过程优化的第一点是，一旦需求成熟并经过评审，就可以针对需求创建测试用例，甚至在设计之前就开始进行测试和仿真验证活动。

过程优化的第二点是测试用例完全基于需求，这就可能将它们编写成独立于任何特定的验证方法（特别是仿真和硬件测试）。这将允许相同的测试用例用于硬件测试、仿真，或者在适当的情况下，同时用于两者。对于硬件测试，根据测试用例编写测试程序，用于在物理硬件测试环境中实现和施加输入激励。对于仿真，根据测试用例编写测试平台，用于在仿真或虚拟环境中施加输入激励。

提高测试用例效用的第三点是格式化组织测试用例，使评审者能够更快地评估需求是否得到了全面验证。测试用例可以采用表格的格式，输入和输出成列，输入值和预期结果的集合置于每一行。使用分区来分离单个测试用例，使每个测试用例更易识别，并与单个需求甚至需求中的单个参数相关联，这将有助于评估和评审测试用例和测试程序。在测试用例中的步骤或操作（如步骤号）上附加一些识别方法也将使测试程序更容易跟踪，并能更准确地引用测试用例的各个功能。

将测试用例与程序和平台分开，可以有效地将分析集中在设计测试用例上。通过编写测试程序和测试平台将输入激励转换到相应环境，是一项更艰巨的任务。

图 7-14 描述了上述测试用例的范例。

根据本书的"需求"章节来制定需求时，还会进行另一项优化：编写需求时应说明响应输入的输出，以保证每个需求都是可验证的——可施加输入并可观测输出。需求说明中的输入成为测试用例的输入。需求说明中的输出成为测试用例的输出。需求中表达的传递函数或行为允许测试用例作者在输入存在的情况下轻松预测输出和预期结果。需求和测试用例的结构及相关性如图 7-15 所示。

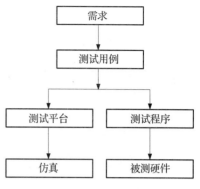

图 7-14　常见测试用例

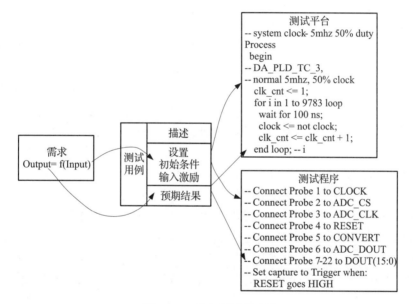

图 7-15　需求和测试用例

在将测试用例转换到仿真测试平台时，使用自检代码，可以根据仿真波形对测试用例的预期结果进行评估。如上文所述，仿真日志文件还应说明对比的预期结果、实际测量结果、时间戳和通过 / 失败。对于硬件测试，测试用例中测量预期结果时序的事件或预期结果本身（如适用）可以转换为逻辑分析仪或示波器的触发条件。还要注意的是，仿真波形和硬件测试的波形可以与预期结果并行比较，以使结果评审更加有效。

虽然可以按照测试平台中指定的内容创建仿真中的输入，但硬件测试的输入可能须使用硬件中已经存在的信号。基于这个想法，需求要对存在的波形或信号进行描述。当采用这种类型的需求时，硬件测试可以利用电路中已经存在的信号进行测试。实现基于需求的测试不必注入信号。这种类型的测试适用于正常范围或标准条件。

用无效或意外的输入测试鲁棒性需要创建信号并将其应用于被测电路。硬件测试时，使用对电路板边缘连接器施加输入的测试设备能通过配置和编程的方式生成无效输入。如果所需的信号位于电路内部，则无效信号可能必须直接施加在被测电路上。对于 PLD，独立的芯片测试可以使用所有的输入引脚，并允许对输入引脚施加有效和无效信号的任意组合。

通过选择测试用例，全面验证与测试用例相关的需求。测试的典型顺序是施加初始条件和信号，施加电源，施加并释放复位，施加测试用例的目标输入并收集整个过程中每一步的目标输出。

需求模板主要考虑以下方面内容：

（1）加电行为；

（2）复位行为；

（3）断言条件；

（4）解除断言条件；

（5）对无效输入的响应。

测试用例的构造如下：

（1）接通电源，测量输出，并与预期结果进行比较。

（2）接通电源，允许电路进入运行状态，施加复位，测量输出，并与预期结果进行比较。

（3）接通电源，允许电路进入运行状态，施加复位，允许电路进入运行状态，施加使输出有效或变为有效/真的必要输入，测量输出并与预期结果进行比较。

（4）接通电源，允许电路进入运行状态，施加复位，允许电路进入运行状态，施加必要的输入以使输出有效或变为有效/真，施加所需的输入以使输出无效或变为无效/假。测量输出并与预期结果进行比较。

（5）接通电源，允许电路进入运行状态，施加复位，允许电路进入运行状态，施加无效的输入。测量输出并与预期结果进行比较。

根据要验证的功能，第四个测试可能会满足（或合并）上述序列中之前的三个测试。以这种方式组合测试有助于优化验证过程。

在具有无效输入的步骤中，可能不会有一个容易预测的预期结果。如果输入时钟的变化超出了频率或占空比的预期容差，则不能保证电路将以确定的方式继续工作。在这种情况下，健壮性测试可用于探索输入超出允许范围多大程度时，硬件不执行预期行为。在描述和施加无效输入，预期结果未知的情况下，仍然可以执行测试。在这些情况下，系统工程师和/或安全性工程师应收集和分析输出的行为，以确定行为是否可接受或是否需要更新需求和/或设计。

测试用例将测试由单个需求或一组逻辑相关需求组成的功能元素。测试用例策略可以选出为描述特定输出需求的覆盖分组。测试用例将仅由硬件需求来确定。不允许基于设计的测试，因为它们只确认设计是设计，而不是确认设计是否满足其预期功能。注意，如果需求指定了设计的实现（实现需求），而不是其预期功能，那么基于需求产生的测试用例将导致与基于设计的测试相同的结果（和缺陷）。正如在需求章节中所指出的，这是实现需求的关键缺陷之一，也是为什么应该避免这些缺陷。

需求中的设计信息对验证过程完整性的影响如图 7-16 和图 7-17 所示。图 7-16 表示功能的需求，尤其是在本书指导下编写的需求，同样适用于设计和验证，并允许两个过程独立进行。由于两个过程之间保持了独立性，因此当硬件通过基于需求的验证进行验证时，可以独立证明设计符合需求以及上层系统定义的预期功能。

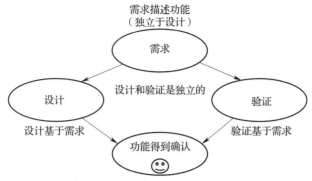

图 7-16 功能需求和有效验证

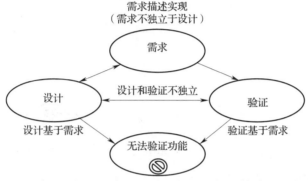

图 7-17 实施需求和无效验证

然而，如果需求中含有设计信息，那么需求与系统级功能不再相关，也不再捕获预期功能，因此，无法通过验证来确定设计是否正常运行，是否符合上层系统定义的预期功能。此外，如果需求中的设计实现包含任何错误，验证也不会检测到这些错误，因为此时的验证是基于与设计相同的错误需求。这种关系如图 7-17 所示。

如果遇到实现类的需求，则证明设计正确性的责任将从验证转移到确认。确认必须证明需求中的设计实现将正确实现预期的功能。用于执行此操作的方法可能与验证方法并行（例如，对通常会定义设计预期功能的较高层功能进行仿真和测试）。尽管这种方法可以得到相同的结果——设计满足其预期功能，但该目标很难实现。还应注意，这种方法可能要求本该在设计早期进行的需求确认，不得不在设计过程的末尾执行。因为此时，才有必需的设计和硬件来确认需求。总而言之，不推荐这种设计保证方法。

测试用例仅限于激励设备或信号输入并预测预期的引脚电平响应。将测试输入和输出限制为引脚电平或信号电平有助于确保验证需求（即功能），而不是验证设计。这种方法还允许将相同的测试用例用于功能仿真和电路内器件测试。

正常测试用例的设计标准如下：

（1）通过直接测试需求或需求组合来度量对需求的覆盖。

（2）有效输入的所有组合（如有必要），以证明电路或输出行为符合需求。

（3）测试所有断言的条件。

（4）测试所有解除断言的条件。

（5）用不同的输入全面涵盖需求中表达的条件和决策。

（6）在需求中表示为条件的比较（例如，小于、大于、小于或等于、等于）的使用略低于、等于和略高于比较值的输入。

（7）输入的影响可以通过输出的变化观测。

（8）考虑测试顺序以显示输入对输出的影响。

（9）必要时所有有效输入的组合，以证明电路或输出行为符合要求并且没有非预期的副作用。

（10）典型的输入信号时序容差。

（11）典型的时钟时序容差。

（12）输入地址总线值的等价类。

（13）输入地址总线的最小值和最大值。

（14）输入数据总线值的等价类。

（15）输入数据总线的最小值和最大值。

（16）在时钟转换之前、期间和之后改变输入，以根据要求或设计标准显示输入在上升或下降沿上的记录。

（17）在设计中使用状态机时，应涵盖所有可能的状态转换——这将定义为基于设计的测试。

（18）当测试用例重复时，使用不同的数据。

（19）对测试用例使用结构化的序列：

①上电；

②复位；

③允许设备开始正常运行；

④施加所需的激励；

⑤测试用例中，在有效条件和无效条件之间使用替代步骤，断言和解除使有效行为始终以"在正常运行条件下返回有效输入和输出"为结束。

设计健壮性测试用例时要考虑以下因素：

（1）错误的输入或输入组合。

（2）意外的输入或输入组合。

（3）未在相关需求中列出的输入切换。

（4）无效的输入时序（例如，设置和保持冲突）。

（5）无效的状态转换。

（6）时钟占空比和 / 或频率的变化超出规定的容差。

（7）在时钟沿之间对插入信号断言和解除断言。

（8）在测试期间复位。

（9）在测试期间选择 / 取消选择设备。

（10）异步或不规则时序。

（11）插入额外时钟周期。

（12）删除时钟周期。

追溯标签（例如，具有唯一标识符的文本）应嵌入测试用例中，以便在追溯矩阵中列出与测试用例相关需求的追溯性。将需求标识符嵌入到测试用例中时，无论测试用例是否需要更改，都可以在需求更改时对测试用例进行更新。测试用例作者应尽量在测试用例文件的一系列测试用例中提供对需求的完整测试覆盖。仅在绝对必要时，才应将需求的测试覆盖率分布在多个测试用例文件（测试用例组）中。进行分组的理由是将数据集合在一起使评审更加容易。

测试用例还可以使用文件名的命名规则，以方便在构型管理系统中查找数据。下面是命名规则的一个示例。

为了便于追溯和理解，可以使用以下文件命名规则。

① 需求   HRD-XXX-YYY-NNN

② 测试用例文件   TC-HRD-XXX-YYY-NNN.xls

③ 测试用例或测试用例文件中的步骤   TC-HRD-XXX-YYY-NNN_001

                                                TC-HRD-XXX-YYY-NNN_002

                                                TC-HRD-XXX-YYY-NNN_003

④ 测试平台（仿真）   TB-HRD-XXX-YYY-NNN.vhd

⑤ 测试程序（硬件测试）   TP-HRD-XXX-YYY-NNN.txt

⑥ 测试结果日志   TR-HRD-XXX-YYY-NNN.log

或   TR-HRD-XXX-YYY-NNN.wav

（波形捕获）

测试用例的格式示例如表 7-3 所示。

表 7-3   测试用例示例

步骤	行动项 / 输入	预期结果
初始设置：步骤 1 和 2 通过将所有输入设置为默认状态来初始化设备，然后切换 RESET 输入以清除和初始化逻辑		
1	将输入设置为以下默认状态： CLK_50M = 50 MHz square wave，50% duty cycle. AVAL_L = 1. RW = 1. P_ADR（15：0）= 0x0000 RESET = 0	P_DAT（31：0）= 0xZZZZ_ZZZZ
2	将 RESET 设置为 100 μs 高电平，然后再设置为低电平以清除所有内部逻辑并将其初始化为已知状态，然后等待 100 μs	P_DAT（31：0）= 0xZZZZ_ZZZZ
加载具有已知值的 SDLR_DAT，然后验证在复位［CDBR-60（ⅱ）］之后的 1 μs 内将其清除为 0x0000_0000		
3	将 0xFFFF_FFFF 写入地址 0x8001 以预加载 SDLR_DAT 寄存器	无
4	读取地址 0x8001，以确认 SDLR_DAT 寄存器已为此测试初始化	P_DAT（31：0）= 0xFFFF_FFFF
5	将 RESET 设为高电平 100 μs，然后设为低电平。在 RESET 的下降沿后 1 μs 读取地址 0x8001，以证实 SDLR_DAT 寄存器清除为 0x0000_0000	P_DAT（31：0）= 0x0000_0000
…	…	…

测试用例总结：该测试用例证实在 RESET 输入失效或 SDLR 清除命令生成后 1μs 内，SDLR_DAT（31：0）的数据值清除为 0x0000_0000。它在每种复位方法之前和之后均读取地址 0x8001，以证明 P_DAT（31：0）在复位之前输出 0xFFFF_FFFF，然后再输出 0x0000_0000。

测试用例类型：正常。

测试用例跟踪标签：TC_CDBR–50_and_55_and_60_001。

验证方法：仿真，测试。

测试用例的步骤。

7.8 测试用例和需求

现将测试用例和需求关联。当输入满足特定条件时，需求表示输出的行为。使用需求一章中描述的架构，可以轻松地从需求的形式构建测试用例。

例 7.1

当一组输入条件必须同时全部满足时才输出高电平，或者表示输入条件的逻辑与。

当满足以下条件时，输出 1 应在 50ns 内维持高电平：

（1）条件 1；

（2）条件 2；

（3）条件 3。

表 7–4 中显示了验证这些条件的测试用例。表 7–4 中的测试用例是全面的，也可以使用输入的 8 种所有可能组合的集合。条件 1 到条件 3 可以是输入的逻辑表达式，也可以是更复杂的表达式，例如，在最近的 100ns 内输入 1 保持高电平，或者 count100 大于或等于 0x0064。

表 7–4 逻辑与的测试用例

条件 1	条件 2	条件 3	输出 1
真	真	真	真
真	真	假	假
真	假	真	假
假	真	真	假

例 7.2

当一组输入条件中的任何一个条件得到满足时输出高电平，或者表示输入条件的逻辑或。

当满足以下一个或多个条件时，输出 1 应在 50ns 内维持高电平：

（1）条件 1；

（2）条件 2；

（3）条件 3。

表 7–5 给出了验证这些条件的测试用例。表 7–5 中的测试用例是全面的，也可使用包含所有 8 种可能组合的详尽集。和上文一致，条件可以是逻辑输入表达式或更复杂的表达式。

表 7–5　逻辑或的测试用例

条件 1	条件 2	条件 3	输出 1
假	假	假	假
假	假	真	真
真	真	假	真
真	假	假	真

例 7.3

当不满足任何输入条件时输出高电平，或者表示输入条件的逻辑或非。

当以下条件均不满足时，输出 1 应在 50ns 内维持高电平：

（1）条件 1；

（2）条件 2；

（3）条件 3。

这些条件的验证测试用例如表 7–6 所示。表 7–6 中的测试用例是全面的，也可使用包含所有 8 种可能组合的详尽集。和上文一致，条件可以是逻辑输入或更复杂的表达式。

表 7–6　逻辑或非的测试用例

条件 1	条件 2	条件 3	输出 1
假	假	假	真
假	假	真	假
真	真	假	假
真	假	假	假

例 7.4

当一组输入条件中的至少一个不满足时输出高电平，或者表示输入条件的逻辑与非。

当至少满足以下条件之一时，输出 1 应在 50ns 内维持高电平：

（1）条件 1；

（2）条件 2；

（3）条件 3。

这些条件的验证测试用例如表 7–7 所示。表 7–7 中的测试用例是全面的，也可使用包含所有 8 种可能组合的详尽集。和上文一致，条件可以是逻辑输入或更复杂的表达式。

表 7–7　逻辑与非的测试用例

条件 1	条件 2	条件 3	输出 1
真	真	真	假
真	真	假	真
真	假	真	真
假	真	真	真

例 7.5

当必须同时满足一组输入条件或不同时满足所有输入条件时输出高电平，或者表示输入条件的逻辑同或：

当满足以下所有条件或不满足任何条件时，输出 1 应在 50ns 内维持高电平：

（1）条件 1；

（2）条件 2；

（3）条件 3。

验证这些条件的测试用例如表 7–8 所示。本示例使用可能的 8 种全部组合输入来消除来自其他逻辑构造的需求。和上文一致，条件可以是逻辑输入或更复杂的表达式。

表 7–8 逻辑同或的测试用例

条件 1	条件 2	条件 3	输出 1
假	假	假	真
假	假	真	假
假	真	假	假
假	真	真	假
真	假	假	假
真	假	真	假
真	真	假	假
真	真	真	真

例 7.6

当仅满足一个输入条件时输出高电平，或者表示输入条件的逻辑异或：

当仅满足以下条件之一时，输出 1 应在 50ns 内维持高电平：

（1）条件 1；

（2）条件 2；

（3）条件 3

验证这些条件的测试用例如表 7–9 所示。本示例使用所有可能的 4 种组合输入来消除来自其他逻辑构造的需求。和上文一致，条件可以是逻辑输入或更复杂的表达式。

表 7–9 逻辑异或的测试用例

条件 2	条件 3	输出 1
假	假	假
假	真	真
真	假	真
真	真	假

在图 7–18 中，输入为 INPUT1、INPUT2、INPUT3 和 RESET。需求的构造如本书的"需求"部分所述。开机行为在需求 1 中说明，复位响应在需求 2 中说明，断言响应在需求 3 中说明，解除断言的响应在需求 4 中说明，对无效输入的响应在需求 5 中说明。

图 7-18 显示了此功能元素的需求，并列出了与每个需求相关的测试用例。测试用例是根据需求构建的。对于需求 3，验证 INPUT1–INPUT2–INPUT3 全部为 1。使用该测试用例可以覆盖"所有以下条件都满足"或输入逻辑与的情况。对于需求 4，验证 INPUT1–INPUT2–INPUT3 全部为 0。使用此测试用例可以覆盖"所有以下条件都满足"的情况。需求 5 的测试用例验证了 INPUT1–INPUT2–INPUT3 的其他组合。在这种情况下，输入所有 8 种组合是一项简单的任务，并且很容易在测试平台或测试程序中使用。通过将测试用例组织在一个表中，其中各列为输入以及各行为输入值，可以很容易地评估需求的验证覆盖范围。表 7-10 表明了需求的测试用例。假设 HDL 是基于这组需求产生的，那么也容易预见测试用例对设计的覆盖率会很高。换句话说，元素分析能够证明基于需求的测试可以全面覆盖设计。

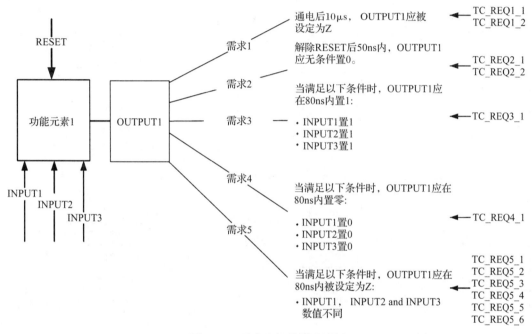

图 7-18　需求和相关测试用例

表 7-10　示例需求的测试用例

测试用例	复位	输入 1	输入 2	输入 3	输出 1
TC_REQ1_1	0	1	1	1	通电后 10μs 内为 Z
TC_REQ1_2	0	0	0	0	通电后 10μs 内为 Z
TC_REQ2_1	1，然后 0	1	1	1	复位下降沿后 50ns 内为 0
TC_REQ2_2	1，然后 0	0	0	0	复位下降沿后 50ns 内为 0
TC_REQ3_1	0	1	1	1	当输入均为 1 时，在 80ns 内为 1
TC_REQ4_1	0	0	0	0	当输入均为 0 时，在 80ns 内为 0
TC_REQ5_1	0	0	0	1	当输入不相等时，在 80ns 内为 Z
TC_REQ5_2	0	0	1	0	当输入不相等时，在 80ns 内为 Z

表 7-10（续）

测试用例	复位	输入 1	输入 2	输入 3	输出 1
TC_REQ5_3	0	1	0	0	当输入不相等时，在 80ns 内为 Z
TC_REQ5_4	0	1	1	0	当输入不相等时，在 80ns 内为 Z
TC_REQ5_5	0	1	0	1	当输入不相等时，在 80ns 内为 Z
TC_REQ5_6	0	0	1	1	当输入不相等时，在 80ns 内为 Z

需要注意的是，我们可以重新排列测试用例，这样便可重新使用某些用例以确保验证的可见性。表 7-11 中显示了此序列。被定义的测试用例已被重复使用并被插入到其他测试用例之间，输出的结果为高阻抗（Z）、1 或 0。

表 7-11　针对示例需求的改进测试用例

测试用例	复位	输入 1	输入 2	输入 3	输出 1
TC_REQ1_1	0	1	1	1	10μs 内为 Z
TC_REQ1_2	0	0	0	0	10μs 内为 Z
TC_REQ2_1	1，然后 0	1	1	1	复位下降沿后 50ns 内为 0
TC_REQ2_2_1	1，然后 0，然后等待 1μs	1	1	1	复位下降沿后 50ns 内为 0，输入均为 1 时 80ns 内为 1
TC_REQ2_2_2	1，然后 0	0	0	0	复位下降沿后 50ns 内为 0
TC_REQ3_1	0	1	1	1	当输入均为 1 时，在 80ns 内为 1
TC_REQ4_1	0	0	0	0	当输入均为 0 时，在 80ns 内为 0
TC_REQ5_1	0	0	0	1	当输入不相等时，在 80ns 内为 Z
TC_REQ3_1	0	1	1	1	当输入均为 1 时，在 80ns 内为 1
TC_REQ5_2	0	0	1	0	当输入不相等时，在 80ns 内为 Z
TC_REQ4_1	0	0	0	0	当输入均为 0 时，在 80ns 内为 0
TC_REQ5_3	0	1	0	0	当输入不相等时，在 80ns 内为 Z
TC_REQ3_1	0	1	1	1	当输入均为 1 时，在 80ns 内为 1
TC_REQ5_4	0	1	1	0	当输入不相等时，在 80ns 内为 Z
TC_REQ4_1	0	0	0	0	当输入均为 0 时，在 80ns 内为 0
TC_REQ5_5	0	1	0	1	当输入不相等时，在 80ns 内为 Z
TC_REQ3_1	0	1	1	1	当输入均为 1 时，在 80ns 内为 1
TC_REQ5_6	0	0	1	1	当输入不相等时，在 80ns 内为 Z
TC_REQ4_1	0	0	0	0	当输入均为 0 时，在 80ns 内为 0

第8章 过程保证

过程保证用于确保项目开发符合项目计划和标准。过程保证对硬件及其产品资料进行检查，以确保其符合图样和规范。对生命周期过程中的资料进行审计，以确保过程得到遵循，对于 A 级和 B 级设计保证，确保满足硬件管理计划中指定的转换准则。

虽然执行过程保证需要与被审计的活动保持独立，但并非要成立专门的团队。公司通常委派质量团队代表来执行过程保证活动，以满足独立性准则。小公司可以在不同的角色中委派人员，可在没有单独的质量或过程保证团队的情况下满足独立性准则。

过程保证活动可由具有工程技术经验的人员或具有质量保证经验的人员执行。虽然技术能力可以提高过程保证的深度和价值，但审计和评审并不需要专业技术技能。过程保证工程师不需要对技术文件进行同行评审，他们的典型作用是确保同行评审得到执行，评审记录保留在构型管理系统中，并确保同行评审中提出的所有问题都得到解决。

过程保证活动应及时进行，不得留到项目结束。过程保证在最后批准数据和硬件可能会损害产品质量、产品数据与项目审定基础的符合性和产品最终的合格审定。

虽然过程保证人员不一定总是设计工程师，但他们仍然是有价值的团队成员——在符合性项目早期检测过程问题，定义、实施和评估纠正措施，及时处理偏离以确保项目最终获批。

8.1 抽样

过程保证活动旨在通过对工作产品抽样来执行。抽样比例不要求达到 100%，可以通过表明过程的置信度来减小抽样比例，而不是通过假设来减小抽样比例。这在实践中意味着，对工程中工作产品的初始审计应该关注项目中每个人的工作。从最严谨认真的工程师那里取样，并假设或断言该样品具有代表性的这种做法并不全面。

例如，当审计同行评审时，审计应从执行评审的每个人和每种类型的同行评审中抽取样本。需求的同行评审工作出色，并不意味着测试台的同行评审也同样出色。

当在样本中检测到正或负趋势时，应使用这些趋势来证明减少或增加样本量是合理的。初始审计应该是广泛的，涵盖生命周期数据和人员的诸多样本。一旦公司已经展现出了合规实践，过程保证可以将抽样减少到较小的百分比。如果项目后期出现问题，则应再次增加样本量，以确定问题的广度。一旦实施了纠正措施并恢复了工作产品的质量和熟练程度，审计范围可以再次缩小。

对工作产品的审计，如同行评审、问题报告、基线、发布等，应包括任何次级供应商或外包给其他组织的工作。

注意，对于首件检验，抽样概念不相同。首件检验是对生产数据的全面评审。因为它是第一个产品，一个需要遵循的制造样本。制造或生产质量控制系统接管正在进行中的生产，以确保后续生产的硬件与首件的一致性。

8.2 符合性

DO-254 的 8.1 节，特别是 10.1.6 节意味着过程保证对一致性或符合性负责。过程保证可以对硬件进行检查，以确保其按照图样和规范创建。然而，对于 FAA 要求的符合性，过程保证是由 FAA 代表或授权的个人（或组织）执行的正式过程。FAA 符合性要求包括符合性请求、符合性授权、符合性检验和符合性声明。符合性过程在系统或 LRU 级进行，该系统或 LRU 级可能与 DO-254 所涵盖的方面具有相同的范围甚至更高层级的系统集成。项目系统层级的合格审定计划通常描述符合性和委任计划。

除非 FAA 另有合适的授权，那么委派的过程保证人员不执行 FAA 的符合性检查。过程保证人员检查硬件和相关图样，以确保将用于 FAA 符合性的硬件的制造与其图样一致。

过程保证也可以对 PLD 器件执行内部符合性。活动应确保器件类型和零件号正确，可编程器件的编程数据是正确的零件号和版本，编程程序得到记录与遵守，并且所有器件编程验证的活动（如编程文件校验和）得到确认。

8.3 审计

过程保证应至少执行两种不同类型的审计：与事件或活动相关的审计和定期审计。与特定事件相关的审计包括满足阶段转换准则时执行的审计、基线内容的审计和测试准备状态的审计。定期审计包括对构型管理活动和偏离的审计。

包含审计准则的专用检查单是执行可重复和有记录的审计的好方法。硬件过程保证计划可以列出准则，也可以直接用或间接引用检查单。一旦为项目确定了检查单，未经合格审定机构批准，不得修改内容和准则。

一个项目的硬件过程保证（hardware process assurance，HPA）审计的示例总结可以见表 8-1。

审计应记录待检查的所有生命周期数据的构型标识。同行评审的审计应列出被评审的数据项和相关的同行评审检查单。审计应检查所有文件是否填写正确，是否完成了同行评审活动，是否根据同行评审意见对评审文件进行了议定的更新。审计员还可以查找对同行评审主题数据项所做的任何其他更改，以确保没有超出同行评审活动的范围和意图的其他更改。

一份包含所有项目审计、其相关状态和指向已完成审计报告的指针的电子表格，将是组织和跟踪过程保证活动及进度的强大工具。

8.4 构型管理审计

硬件构型管理计划的所有方面都应经过过程保证审计。这包括：

（1）验证生命周期数据具有唯一标识符；

（2）验证基线内容的正确性和完整性；

（3）遵循变更控制程序；

（4）按照计划进行问题报告；

（5）审查对生命周期数据所做的更改；

（6）以正确的格式将发布的文件存储在各自的存储库中；

（7）在承载项目数据和应用程序的服务器上进行定期备份；

（8）异地存储用于备份数据或灾难恢复；

（9）数据可以从服务器和应用程序中检索；

（10）数据可以从异地存储中检索和还原；

（11）只要设备在飞机上使用，就应维护归档的数据；

（12）用于备份或归档的磁带或磁盘应根据需要旋转或更新；

（13）数据存储系统是防篡改的。

表 8-1　过程保证审计

阶段	入口准则	活动	HPA 工具	输出	CM 存储	出口准则
计划编制	PHAC、HDP、HVP、HCMP、HPAP 已发布；硬件标准已发布	审计：HPA 计划完成检查单	Word、Excel、Visio	完成的计划完成检查单	计划完成检查单 HC2 控制	计划更新已完成
需求捕获	硬件需求文件已发布	审计：HPA 需求检查单	Word、Excel、Visio	完成的需求检查单	需求检查单 HC2 控制	需求更新已完成
概要设计	所有功能元素的概要设计完成	审计：HPA 概要设计检查单	Word、Excel、Visio	完成的概要设计检查单	概要设计检查单 HC2 控制	概要设计已完成
详细设计	硬件设计数据受 HC2 控制	审计：HPA 详细设计检查单	Word、Excel、Visio	完成的详细设计检查单	详细检查单 HC2 控制	详细设计已完成
实现	硬件构型索引已发布；硬件生命周期环境构型索引已发布；编程文件已发布	审计：HPA 实现检查单	Word、Excel、Visio	完成的实现检查单	实现检查单 HC2 控制	实现已完成
正式测试	硬件测试程序已发布；器件完成编程；测试环境建立	审计：HPA 正式测试检查单	Word、Excel、Visio	完成的正式测试检查单	正式测试检查单 HC2 控制	正式测试已完成
产品交接	硬件构型索引已发布；编程文件已发布	审计：HPA 产品交接检查单	Word、Excel、Visio	完成的产品交接检查单	产品交接检查单 HC2 控制	生产开始
全阶段	定期审计	审计问题报告；变更控制委员会；同行评审记录；构型管理记录	Word、Excel、Visio	完成的定期审计检查单	定期审计检查单 HC2 控制	
全阶段	检测到偏离	记录偏离和纠正措施	Word、Excel、Visio	完成的偏离和纠正措施工作表	偏离和纠正措施工作表 HC2 控制	

上述的一些构型管理任务可以由公司内的信息服务组织或信息技术组织执行。过程保证可以查看备份日志或传送到异地存储设备的磁带清单。也可以每年或每两年访问一次档

案，以进行审计。

应就问题报告是否符合硬件构型管理计划展开审计。过程保证过程中，可以在定期安排的变更控制委员会会议上查看新的问题报告。当对问题报告展开更详细的检查时，应检查问题报告中所有字段是否填写正确以及工作是否朝着解决问题的方向进展。此外，对于受最初检测到问题影响的所有生命周期数据，应检查问题报告，以确保正确记录了它们的构型标识。之后，过程保证还可以检查是否记录了那些因问题解决方案而更新的所有生命周期数据的构型标识。最后，过程保证还应检查问题解决过程中引用的同行评审或回归测试等验证活动的完成情况。

8.5 SOI 预审

过程保证的另一个有用的任务是在局方进行正式审查前，协助内部开展 FAA SOI 预审。FAA 硬件 Job Aid 中相应的 SOI 审查检查单可作为指南，来确保开发阶段的所有活动都已完成、相关的验证活动已经执行、所有生命周期数据都在构型管理系统中管理。这样可以在局方审查发现问题之前，制定并实施纠正措施。预审活动还将过程保证定位为正式审查中丰富有用的资源。

8.6 检验

当硬件转换到生产环境时，在开发生命周期结束时对其进行检查的最常用术语是首件检验（first article inspection，FAI）。FAI 是对元件、组件及其图样的检验。首件检验中的首件是指在批产周期开始之前，根据生产过程建立的硬件项，从生产线下线的第一个硬件。

FAI 确保硬件制造和批产所需的文件是正确的。检验还确定硬件是否按照文档、过程和规程创建。

主机制造商和客户可能对 FAI 有详细要求。过程保证应熟悉客户的 FAI 要求，并帮助其公司调整和准备相关活动。

8.7 偏离

首先需要检查与批准的硬件管理计划和标准的不符合项，然后达成共识并跟踪纠正。过程保证负责偏离过程。

按照要求，偏离应由工程和管理部门记录和授权。为确保采取了商定的措施，应实施并跟踪在偏离解决方案中定义的纠正措施。

当纠正措施未被定义或未被遵循时，偏离还应具有一个议定的升级过程，以提高管理层的可见性。过程保证应具有自主权，可直接提醒管理层注意问题，而不必担心"报复"。

主机制造商和客户可能有具体的偏离要求，过程保证应熟悉客户对偏离的要求，并帮助公司符合客户的预期。

8.8　次级供应商监督

由于进度和 / 或预算的原因，有时工作包，甚至整个开发项目都会与其他组织共享。这里的组织可以是公司内的另一个部门，也可以是完全不同的公司。这些公司可能存在地理上的差异，可能在不同的城市、不同的省份或不同的国家。

过程保证过程中，无论工程师身在何处，都需要参与项目的审计工作。对外包给另一家公司或分包给公司内部其他部门的某些项目执行工作现场审计，可能有特定的审定要求。

当过程保证活动外包给次级供应商时，发起组织的过程保证活动还须包含对次级供应商过程保证活动的审计。次级供应商的过程保证活动可以使用发起组织的硬件过程保证计划，也可以使用自己内部的硬件过程保证计划。无论使用哪种计划或由哪个组织执行审计和检验，原始组织单位的过程保证都有满足其 DO-254 相关目标的责任和义务。

第9章 构型管理

构型管理是硬件设计生命周期的支持过程之一。构型管理始于计划阶段，贯穿硬件的持续生产，并在硬件停产后很长一段时间内对生命周期数据档案进行维护。与设计保证的其他方面一样，构型管理源于 FAR：FAR 14 CFR 25.1301 规定，安装的设备必须标明其标识。出于构型管理的目的，硬件的标识必须是唯一的，即每个系统都应具有唯一的零件号。生命周期数据的长期归档要求源于 FAR 14 CFR 21.31[1]、21.41[2] 和 21.493[3]，后续将进一步讨论。

构型管理过程能确保硬件制造商制作硬件项副本的一致性。比如，通过零件清单和装配图制造 LRU、制造特定版本的 PCB，将编程文件应用于 FPGA 或者从 HDL 源文件重新生成 FPGA 的编程文件并产生相同的编程文件校验和。

构型管理过程还允许硬件开发人员对硬件和硬件生命周期数据进行有序和受控的变更。这可能包括修改或删除需求或功能、解决硬件或硬件生命周期数据中的问题或更新安装在电路板上的硬件版本。

DO-254 的附录 C 对构型管理的定义有两部分。第一部分将构型管理定义为包含构型标识以及构型项变更的活动；第二部分将构型管理定义为一个学科，包含硬件项功能和物理特性的识别和记录、对特性所做变更的控制以及变更控制状态和实施的报告。所以在这两部分定义中，第二部分描述了如何完成第一部分。

DO-254 第 7 章引言部分中关于构型管理的定义实际上更直接一些，它还有一个额外的优势，即通过一组目标定义构型管理。这些目标可以通俗地解释为：

（1）为每个构型项提供唯一的标识符并跟踪它们；

（2）确保在需要时可以重新创建每个构型项；

（3）对每个构型项的每次变更有控制和记录方法。

这些目标，不管是用简单语言还是官方语言来表达，一旦理解了构型管理的基本概念，它们实际上是相当简单的。这些概念可以概括如下：

（1）每个生命周期数据项（文件、文本、设计数据、验证测试用例、测试程序、测试结果等，包括硬件项的集合）的每个版本都必须唯一标识，以使其他数据项永远不会与之混淆。

（2）每个唯一标识的构型项都必须有书面记录（物理的或电子的），以便在需要的时候定位。

（3）每一个生命周期数据都必须保存在安全的环境避免丢失。

（4）每个生命周期数据都必须受到保护（保护级别取决于数据类型和 DAL），以防止未经授权的变更。这种保护可以是程序化的或电子的，也可以两者兼有。

（5）必须对变更进行跟踪和记录（与保护一样，跟踪和记录的级别取决于数据类型和 DAL），并且只能实施记录在案的变更。

9.1　为什么要进行构型管理

大多数工程师通过第一手经验了解到追踪一个设计或文档的版本是多么地困难，当版本混淆时又是多么地痛苦。当开发速度很快并且一个项目的多个版本同时工作时，这种痛苦和困难就相互交织。理想情况下，一次糟糕的经历足以让工程师相信构型管理可以带来好处。

当工程师们第一次接触正式的构型管理时，他们可能没有充分领会到构型管理的好处，会产生抵触心理。对于那些不熟悉构型管理理念或从未尝过构型错误的代价的工程师来说这都是正常的；众所周知，当不受流程和活动（如构型管理）的约束时，工程会开展得更舒适。然而，不受限地开发虽然舒适且通常速度更快，但由于错误的概率较高，并不适合于高完整性的设计过程。如本书 DO-254 的引言一章所述，正是构型管理等支持过程使得设计过程能够达到和保持机载电子系统所需的完整性。

构型管理是一个支持过程，它可以最大限度地降低由于构型项及其版本的错误标识、构型项的丢失或错误放置、未经授权的变更、错误的变更实施以及问题跟踪的不充分而导致错误的可能性。因此，它为项目及其数据提供了以下内容：

（1）跟踪并唯一标识构型项的每个版本。

（2）为开发（包括验证）、交付的硬件和生产提供构型项的已知状态。

（3）为构型项的每个版本提供可重复性。

（4）确保构型项是正确的项，并且构建正确。

（5）确保识别、跟踪、记录和妥善解决构型项的问题。

（6）确保对构型项所做的变更得到适当的管理和控制，包括：

① 仅实施已授权的变更。

② 更新构型项至正确的版本。

③ 始终跟踪变更。

④ 这些变更均是经过深思熟虑和受控的。

⑤ 按照预期实施变更。

⑥ 变更符合其预期目标。

（7）确保构型项的每个版本都安全归档。

（8）确保可以检索或重新创建构型项的每个版本。

即使 DO-254 未作要求，内嵌版本控制功能的电子文件管理系统可以帮助组织项目数据。这些系统通常允许将数据组或数据集标记为集合并检索。这些特性支持基线的形成和硬件构建过程。文件管理系统通常允许后端定制并与问题报告（变更请求）工具集成，该工具将变更绑定到构型项的特定版本。许多这样的电子工具都具有报告功能和搜索功能，这有助于项目管理方面的工作。可以设置标准的项目文件目录结构，以便新项目只需在项目进行时填充数据。建议按以下方式组织数据：① 项目；② 发布版本或基线；③ 每个版本中的构型项。考虑到一个 DO-254 项目期间会生成大量数据，组织机构应使用工具来存储和管理数据。

为了便于跟踪和理解，可以采用标准的文件命名规则，命名规则可以与电子文件管理系统协同使用。示例如下：

  （1）需求文件   HRD–13579VerA

  （2）需求   HRD –123–456–789

  （3）测试用例文件   TC-HRD-123-456-789.xls

  （4）测试用例文件中的测试用例 TC-HRD-123-456-789_001

                 TC-HRD-123-456-789_002

                 TC-HRD-123-456-789_003

  （5）测试平台（仿真）   TB-HRD-123-456-789.vhd

  （6）测试程序（硬件测试）   TP-HRD-123-456-789.txt

  （7）测试结果日志   TR-HRD-123-456-789.log 或

                 TR-HRD-123-456-789.wav

                 （波形捕获）

  （8）需求同行评审   PeerRvw-HRD-13579-RevA.doc

  （9）测试用例评审   PeerRvw-TC-HRD-123-456-789.xls

  （10）测试平台评审   PeerRvw-TB-HRD-123-456-789.vhd

  （11）测试程序评审   PeerRvw-TP-HRD-123-456-789.txt

  （12）测试结果评审   PeerRvw-TR-HRD-123-456-789.wav

9.2 数据控制类别

  DO-254 定义了两种数据控制类别，因为一些构型项对于设计保证比其他构型项更为关键。这些数据控制类别适用于硬件及其过程，基本上与 DO-178 中为软件定义的类别相同。事实上，翻阅 DO-178 的构型管理部分，硬件和软件构型管理与活动之间存在显著的相似性。

  对设计保证更为关键的构型项，需要更严格的构型管理和控制，被定义为硬件控制类别 1（HC1）。不太重要的构型项，或者换句话说，即使发生了某种程度的损坏，对设计保证的影响较小，被定义为硬件控制类别 2（HC2）。

9.3 构型管理活动

  DO-254 的 7.2 节描述了可用于实现构型管理目标的活动。与 DO-254 中描述的其他活动一样，构型管理活动只是为如何实现目标提供建议，不是必需的，也不是实现目标的唯一可接受的方式。然而，当根据"构型管理是什么"和"构型管理应完成什么"的基本概念来考虑构型管理的目标时，DO-254 中的活动可以说是实现构型管理的最合理的方法。

  DO-254 的 7.2 节中定义了 5 种构型管理活动：构型标识、基线、问题报告/跟踪、变更控制和发布/归档/检索。DO-254 的 7.2.1~7.2.5 节详细说明了各项活动。相较于分析7.2.1~7.2.5 节中的活动，研究 DO-254 中的表 7-1 来讨论构型管理更为有效。表 7-1 确定了针对 HC1 和 HC2 构型项必须应用的具体构型管理活动（取自 7.2.1~7.2.5 节）。这个表包含了大量关于构型管理活动应用的信息，每个 DO-254 实践者都应该仔细研究这个表及其引用的段落，以便确切了解必须如何管理构型项。理解 DO–254 表 7–1，会为掌握构型管理的基本概念和具体实践提供帮助。

DO–254 表 7–1 列出了 11 个特定的构型管理活动，引用了定义这些活动的 DO–254 段落，并标识了它们所应用的硬件控制类别。由于 11 个活动都适用于 HC1 数据，因此该表定义的这些活动是否也都适用于 HC2 数据？从 DO–254 表 7–1 可以看出，HC1 和 HC2 数据之间的区别在于，HC1 需要基线、问题报告、记录 / 批准 / 变更跟踪、发布和归档介质选择 / 刷新 / 复制等附加活动。

9.4 构型标识

构型标识是明确标识每个构型项的活动，即为每个构型项分配唯一的标识（如名称、编号或两者兼有），以标识构型项及其版本。如前所述，此标识（identification，ID）必须是唯一的，这意味着不存在具有相同 ID 的其他构型项。

构型标识形式多样，但是，当使用大多数商用构型管理工具时，它可以归结成为每个数据项指定的唯一的名称（或编号），并允许构型管理工具保留和管理数据项的不同版本。在构型管理工具中，构型项看起来是单独的项，它的所有版本都存储在工具数据库中，而不是一次性可以看到每个项的多个实例。或者，构型项的每个版本都可以被当作单独的实体且每个实体都被分配唯一的名称。无论使用哪种方法，每个构型项的各个版本都必须有唯一的标识，确保任何数据项没有相同的 ID。

应对每种类型构型项所使用的构型标识做出规定，虽然文档、图样和原理图通常有各自的命名方法并能确保自身标识的唯一性，但 DO–254 项目中的许多其他文件和数据也需要具有唯一名称。以下详细列出了需要唯一标识符的各类构型项。

（1）计划（硬件管理计划，如 PHAC、HDP 等）；

（2）标准（需求、设计、归档和验证 / 确认）；

（3）需求文档；

（4）设计文件；

（5）设计数据：逻辑图、布局图和文件、零件清单、装配图；

（6）HDL 文件；

（7）编程文件；

（8）测试用例；

（9）测试程序；

（10）测试结果（硬件测试）；

（11）测试平台（仿真）；

（12）测试结果（仿真）；

（13）追溯性数据（如果与需求、设计或验证文件是分开的）；

（14）同行评审表（模板）；

（15）完成的同行评审表；

（16）过程保证审计和评审记录；

在使用文件管理或版本控制工具时，命名空间（即唯一的名称）通常用于确保文件具有唯一的标识。在这种情况下，文件名应该包含文件完整的目录规范，以便可以区分不同项目中使用的同名文件。通常，文件名可以是项目特定的，有助于提供唯一标识。但是，如果一个通用名称可以提高对设计的理解，例如，top.vhd 文件，则应将完整的文件名指定为标识符。在另一个项目中复用的文件可以使用带有新目录路径的相同文件名。

不建议将两个构型项命名为同一名称，然后将其存储在文件或版本控制工具之外的工作站、笔记本电脑或个人计算机上的不同位置。

9.5 基线

基线类似于为构型项拍快照，以此作为构型项的正式版本（构型），同时赋予其唯一的构型 ID。应该为构型项的每个重要版本建立基线，这意味着每个版本都能用于某种形式下置信度的合格审定。例如，对于每个正式的同行评审，都应该为文档建立基线（存储在构型控制系统中），这样就不会引起评审文档或构型项的版本混淆。评审后，所有对文档或者构型项的变更都应基于已评审的文档版本，以确保评审和更新过程保持文件或构型项的完整性。

此外，基线也可以应用于多组数据，例如，LRU 所有层级的需求及其追溯性（含 LRU、板级和 PLD 需求以及它们之间的需求追溯性）。这里为 HC1 项（需求）建立的基线也应包含 HC2 数据（需求追溯性）。因此，基线尽管是为 HC1 数据而创建的，也可以包括 HC2 数据。

9.6 基线追溯性

基线追溯性（适用于 HC1 和 HC2 类构型项）是为同一构型项的两条基线建立连接的活动，换言之，两条基线之间存在追踪记录。这种追溯性能够建立新基线对旧基线的沿袭或继承关系，包括清楚记录从旧基线到新基线所进行的所有变更。基线追溯性的目标之一是，应完整记录基线的变更情况，以确保任一基线能基于其他基线生成。

DO–254 的 7.2.2–4 节指出，这种追溯性是通过先前的基线获取产品认证置信度的一个方面。

根据 DO–254 表 7–1，基线仅适用于 HC1 数据项，但基线追溯性同时适用于 HC1 和 HC2。显然矛盾的是，不对 HC2 数据项建立基线，如何存在基线追溯性？ DO–254 的表 7–1 的脚注 1 指出，仅因为 HC2 数据项要在基线中使用并不代表须将其控制类别提升为 HC1。这意味着，包含 HC2 数据的新基线（如上述"为需求组和追溯性建立基线"的示例中，追溯性属于 HC2 数据项）必须包含新旧两条基线中的 HC1、HC2 数据项之间的追溯性信息。

因此，当 HC2 数据项作为单个数据项考虑时，它本身没有基线，不受基线追溯性的影响。但当 HC2 数据项作为 HC1 数据的一部分被建立基线时，则必须对它进行追溯。

基线追溯性可以建立在两个不同层级上。第一级基线追溯性是通过 HC1 构型项中的变更历史或与构型项关联的变更说明建立的。例如，PHAC 最初发布的是 A 版，下一版是 B 版，A 版 PHAC 中的变更历史仅会说明该文档是第一版。B 版 PHAC 中的变更历史会记录从 A 版到 B 版的变更情况（或引用问题报告或变更请求）。A 版和 B 版 PHAC 通过变更历史记录和问题报告 / 变更请求建立追溯性。

构型项集合的基线追溯性是通过构型索引建立的。构型索引文档的第一版（A 版）记录了 PLD 的 –001 版，文档的版本历史会表明该文档是首次发布，构型项的变更历史章节会说明 –001 版是 PLD 发布的第一版。下一次发布的构型索引文档（B 版）中记录的是 PLD 的 –002 版，文档的变更历史会列出 A 版到 B 版的变更情况（或引用问题报告或变更请求），构型项的变更历史章节会列出 –002 版硬件包含的问题报告或变更请求。

构型项集合（如一个 LRU）的基线追溯性可通过顶层图样（类似于 PLD 的构型索引）建立。

9.7 问题报告

问题报告是记录、跟踪和解决 HC1 构型项问题或变更的正式过程。问题报告通常是在问题报告系统中采用电子方式维护的结构化记录，但只要系统具有确保从发现问题到解决问题之间跟踪的完整性，其他跟踪问题的方式也是可接受的。问题报告系统无论是用电子工具还是通过索引卡片来实现问题报告的跟踪，其完整性最终取决于问题报告流程的质量以及流程的使用人员是否会认真遵守。问题报告还可以包括变更请求——一些并非来源于实际问题的变更请求。

HC1 构型项发布后需要问题报告。当发现问题时，应立即将其记录在问题报告中，以便跟踪该问题直至最终解决。问题报告系统应该跟踪问题报告（记录的问题）从开始到关闭，以确保问题正被考虑并最终得到解决。

问题报告也是变更控制活动中不可或缺的组成部分，因为它们是批准、记录和跟踪项目变更的理想机制。

图 9-1 的示例中展示了完成一次 PR 的各阶段工作流程。

无论使用哪种系统或自动化程度如何，问题报告都应遵循一些基本原则：

（1）对问题的描述应该包括用于准确重现问题需要的所有信息。

（2）如果报告硬件故障或错误，硬件项信息中应包括零件号和序列号。

（3）描述问题所涉及的所有生命周期数据的构型标识符和版本：

①计划；

②标准；

③同行评审；

④测试程序（如果运行测试但未通过）；

⑤存在问题的测试结果；

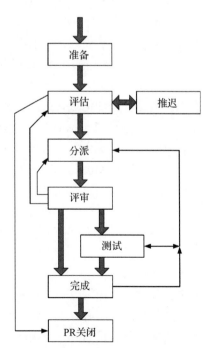

图 9-1 问题报告工作流程

⑥存在问题的仿真结果。

（4）问题报告应描述问题是如何发现的：

①通过审查；

②在一次测试期间；

③用户提出

（5）根本原因分析用于识别问题或错误的本质。分析的描述应足够详细，以便能够独立地复现和评审。

（6）变更影响分析用于识别硬件和/或生命周期数据所需的变更。变更影响分析应清晰描述每个生命周期数据所需的变更和需重复的活动，如重新开展同行评审或者重新运行测试或仿真。

（7）详细描述实际所做的变更，如果这些描述在其他地方有提及，此处给出引用即可。

HCMP应定义问题报告的阶段或过程流，应清晰描述每个阶段的问题报告中记录的所有数据。通常，变更控制委员会负责管理问题报告。变更控制委员会评审新的问题报告，确保问题报告系统的正确使用，确定何时合并变更、授权变更或授权问题解决方案，并最终在所有工作完成后关闭问题报告。变更控制委员会还应确保对延期超出合规审批的问题报告进行充分分析，以确定它们的系统级影响和潜在的飞机级安全影响。

问题报告应首先完整描述问题的来源，包括所有存在问题的生命周期数据项的构型标识和修订版本。必须完整地描述问题，以允许之后重现问题。比如，发现的问题是需求存在矛盾，那么PR应说明需求文档的编号和版本，记录下有矛盾的需求的标识并具体描述它们之间的矛盾。问题描述应仅限于描述问题，不应包含分析和根本原因相关的信息，也不应包含问题解决方案。如果发现的问题是测试不通过，那么PR应该记录受试的硬件项、运行的测试程序和得到的测试结果。

分配PR并进行分析，以确定问题的确切性质和底层最根本的原因。一旦了解了根本原因，分析可以扩展到识别所有受到问题影响或者因问题作废的生命周期数据和活动。

变更影响分析应描述硬件和生命周期数据所需的变更，还应说明哪些验证活动需要重复。

在关闭阶段PR应清晰地列出因问题解决而更新/返工的所有生命周期数据的最终版本以及数据项是如何更新或返工的，因为实际解决方法不一定恰恰如变更影响分析中的描述。这些数据可能包括需求、设计、测试用例/程序/平台/结果以及所有相关的同行评审。有些问题可能会引起计划、标准以及所有后续生命周期数据的返工。

记录和跟踪问题是如何被发现的，是识别验证活动执行情况的一种极佳方法。如果同行评审很难发现问题，并且所有问题都出现在测试阶段，那么需要在评审过程投入更多的培训和重视，以便在生命周期的早期发现和消除问题。

DO-254的7.2.3节仅列出了两类应在问题报告中记录的数据：受影响数据项的构型（完整标识和版本号）和问题行动项的描述。然而，这并不意味着这些是唯一应在问题报告中记录的信息类型。如果将电子问题报告系统仅用于记录问题及解决方案，那么该系统的潜力未被充分挖掘。为了最大限度地利用问题报告系统，可以使用问题报告来记录问题从发现到解决的所有方面。这样使用问题报告有诸多好处，使得问题报告系统的使用不局限于它最基础的目的——对问题的报告和跟踪。

考虑问题报告包含以下信息时的可能性：

（1）内容提要或标题。其中包含了能识别问题重点的关键字，如项目名称、硬件项名称和零件号、问题类型，如何发现问题以及关于问题的简要描述。按此方式编制的内容提要，在显著降低问题报告的识别难度的同时提升了识别速度。此外，无须打开和阅读问题报告便清楚问题报告的主题。关键字可以与筛选程序或搜索引擎一起使用，来收集有关问题及其特征的统计数据，使用户能够识别出（数据的）变化趋势和易忽视的问题域。它们还可用于定位与每个项目、硬件项、问题类型等相关联的所有问题报告，以收集关于单项的性能和可靠性方面的统计信息。在创建用于填写问题报告的标准时，应为有价值的统计数据类型（包括项目中的经验教训）创建标准化的标题格式和关键字。

（2）问题描述。其中记录了关于该问题的所有已知信息。问题描述应足够详细全面，允许让作者以外的人在分析和重现问题时无须向作者询问更多的信息。问题报告的该部分应包括构型项的明确标识（如适用，应包括其名称、零件号、版本和在构型管理系统中的位置）、发生了什么（包含问题的表现）、如何发现问题（包含与问题出现的情形所有相关信息）以及如何复现问题。一般说来，如果有人需要就该问题询问作者，那么该问题的描述可能不够全面。问题描述不应说明问题的分析和解决方案——它们应记录在问题报告的其他地方，以便于按照主题对信息分类。如果对问题须描述的内容远远超出问题报告中"问题描述"部分的字数限制，应对这些内容总结后填入问题报告，相关细节描述可作为问题报告的附件。大多数电子问题报告系统允许添加附件，但是，如果问题报告工具中不含该功能或者使用的是非电子系统，则应将这些问题的详细描述放入构型管理系统中，并在问题报告中引用。

（3）分析的描述。为了便于理解问题及其根本原因，并开发潜在的解决方案，分析应该从问题描述的信息开始，然后从中开发出足够的附加信息。分析的描述应该足够详细和彻底，以便读者能够理解问题是如何分析的，分析是如何进行的，分析揭示了什么（包括根本原因，若已知），如何重新创建分析（如果需要的话）以及问题的潜在解决方案。它还应分析问题及其引起的变化对所有相关项目和过程的影响，并确定和记录所有其他项目、文件和过程，这些项目、文件和过程将会被初始问题及其解决方案的部分连锁反应影响。这包括对其他过程和活动可能需要的任何反馈。但是，在分析的描述中不应该记录问题是如何修复的，也不应该描述可能的解决方案。

（4）对问题的解决或处理的描述。这些信息应说明如何确定最终解决方案以及如何解决问题，详细说明如何实施解决方案，完整的实施解决方案的构型项标识、版本和如何独立验证解决方案的有效性。

在问题报告中包含较多细节的原因有两个：第一，略去细节不仅会增加问题报告的成本，而且由于读者不得不通过其他地方搜索他们需要的信息，增加了出错的概率；第二，将每个已知的事实放入问题报告可以构成独立完整的问题历史记录，这意味着有关问题及其解决方案的所有信息都将记录在同一个位置。

9.8　变更控制

变更控制由两部分构成：完整性和标识，记录、批准和追溯性。

变更控制的第一部分——完整性和标识，适用于 HC1 和 HC2。此活动通过保证仅在实际需要时变更构型项以确保在需要变更时保留构型项的完整性。这是通过两种机制实现的：第一，任一项目的每一个潜在变更都应进行评估，以确定该项目是否真正需要该变更；第二，只有在获得授权后才能变更该项目。该活动的最终结果是保证对构型项的所有变更都进行了评估，以确保变更项在所有方面都是可接受的。

评估变更以确定是否确实需要这些变更，这是最小化项目更新次数的方法。对于 HC1 项而言，更新是耗时且昂贵的。如果管理不当，频繁或不必要的更新可能会导致 HC1 项和 HC2 项构型问题。所有项目只有在必要时更新才是有意义的。对必要性的衡量将根据项目的具体情况而确定，并且没有关于何时实施变更而不是推迟实施的标准化指导方针。一般来说，如果变更不会改变项目的基本特征，那么最好推迟到以后再进行。例如，一个不会影响文档语言或技术内容的拼写错误的变更可能会推迟到发布时，而不是强制立即更新。

防止未经授权的变更对于任何类型的信息都很有意义，而且对于控制数据的构型也是必不可少的。这适用于 HC1 项和 HC2 项，虽然 DO-254 没有就谁应授权变更和决策准则提供指导，但不成文的规定是，在这项活动中对 HC1 项目的控制级别应比 HC2 高得多。对于 HC1 项，变更的权限隐含在变更的批准中（变更控制第二部分的部分内容，仅适用于 HC1 项），因此对于 HC1 项，该活动可以通过要求对任何变更发起问题报告或变更请求来与问题报告或变更控制活动相关联，问题报告或变更请求由变更控制委员会审查和批准，随后的变更通过问题报告管理和跟踪。相比之下，变更 HC2 项目可能只需要技术主管或同行评审的同意。无论采用哪种过程和标准，都应记录在项目的构型管理计划中。

变更控制第二部分——记录、批准以及追溯性，仅适用于 HC1 项目，其目的是确保在第一部分（完整性和标识）变更已被识别和授权后，处理变更的完整性。HC1 项在变更过程中需要更高级别的完整性，而此活动通过要求在变更的整个过程中对变更进行详细管理以提供这种完整性。

DO-254 为该活动提供了以下目标：

（1）应记录、批准和跟踪变更。

（2）变更应追溯至变更原因。

（3）应评估变更的影响，以确定所有连锁反应。

（4）向受影响的过程提供反馈。

这一指导既是清晰的，也是模棱两可的，因为它清楚地说明了管理变更必须做些什么，但另一方面，它没有就每项活动和目标所需的完整性等级提供指导。虽然完整性等级在一定程度上取决于硬件的 DAL，但是这种指导并不能提供具体的方向，几乎所有的事情都由读者自己决定。

考虑到大多数 HC1 项都会影响构型项的完整性，因此，无论其 DAL 是什么等级，变更控制活动都应该具有较高的完整性。

记录变更仅仅意味着对构型项的每个变更都应记录在案。变更文档记录的详细程度需要基于其他构型管理活动，因为此活动必须与其他所有构型管理活动及其目标一致。一个与变更控制密切相关的构型管理活动是基线追溯。如果将基线追溯性和变更记录的目标结合在一起，那么要使变更记录达到合适的完整性等级，便需要尽可能详细记录变更情况，使得某条基线能（根据基线间的变更信息）根据它的上一条 / 下一条基线重新创建。

变更批准类似但不同于上述变更控制完整性和标识方面的变更授权。变更的批准意味着特定的变更已经被批准，并且某人有权做出变更批准。相反，进行变更的授权允许某人变更项目，但不指定变更范围。这样不能保证将要进行的变更是批准的还是期望的。这是变更控制的一个重要方面，它为 HC1 项的变更提供了更全面的完整性。

因此，对于 HC1 项目的变更控制，变更必须得到批准，而不仅仅是授权。实际上，这意味着对 HC1 项目的所有变更必须在进行之前获得批准。

跟踪变更意味着在变更的整个过程中，从变更的开始到最终处置和验证，管理和监控项目变更。跟踪可以通过程序方法完成，例如，定期召开有关变更和更新的状态会议或者使用诸如问题报告系统之类的工具。此活动的目标是确保批准的所有变更都在可接受的时间范围内以预期的方式实施。

追溯变更原因是确保变更完整性的另一个方法。它说明每个变更的依据，以确保它们的变更原因是合理的，而非随意的、武断的。

强烈推荐使用问题报告进行变更控制，即使它未包含在审定机构的要求中。如上所述，问题报告非常适合于记录、批准、跟踪和跟踪变更，特别是当它们以本章前面描述的方式使用时。如果遵循本章中的问题报告指南，并且为 HC1 项目的所有变更创建了问题报告，那么记录、批准、跟踪和变更控制的跟踪就没有必要作为单独的活动来处理。

DO-254 不要求问题报告与变更控制相互依赖。DO-254 的 7.2.4 节的注释中提到了，某些变更可能是由问题报告管理引起的。然而，在变更批准过程中使用问题报告子流程，便于满足变更控制的两方面要求。

9.9　发布

发布是将数据项正式纳入构型控制并使其可供之后的过程和活动使用的行为或过程。它确保使用的数据都是已授权的，特别是用于验证和制造的数据。发布数据正常情况下需要授权，一旦发布，数据项通常存储在构型管理系统中，允许在需要时检索，但不允许在没有授权和批准的情况下变更。用于制造的数据项必须使用前发布。

发布时创建数据项的基线，但它与基线活动的不同之处在于，它是一个正式的、需要批准的基线，并且发布的版本将纳入构型 / 变更控制。基线可以在构型控制之外创建，可以是非正式的。例如，需求可以在需求管理系统中建立基线，HDL 代码设计可以在构型管理系统中建立基线，但这两种情况下的基线如果未经正式的发布过程都是非正式的。在两次发布活动之间，一个数据项可能建立多条基线，比如，正在修改一个已发布的数据项，修改到一定程度为它的过渡状态建立基线，或者经历某次同行评审也会为它建立基线。

9.10　检索

所有构型项在它们归档的位置必须是可检索的。这应是不言而喻的，因为如果档案库中的信息无法访问，那么归档就毫无价值；同时应对数据的可访问性能提出要求，不然可以预想到这样一种档案库——它可以检索数据，但是检索的过程费时费力。

当接收到临时通知或者在紧急情况下需要检索数据时，归档数据的访问性能就变得格外重要。例如，在飞机投入使用多年后，某机载设备失效致使机队停飞。此时，需要迅速复原整个项目来解决问题，在问题得到解决后须恢复该设备的生产。在检索数据和复原项目过程中的任何延误都会导致更长时间的机队停飞。此类场景可能产生巨大的财务负债，因此在这种极端情况下，检索归档数据所需的时间可能具有重大影响。

归档的数据类型也会影响检索的便捷性或及时性。例如，开发环境，包括用于设计和验证活动的测试台架，既可将组装完整并可运行的硬件产品归档，也可将构建该测试台架的整套图样归档。以测试台架的形式归档可能代价昂贵，占用空间大，可能需要定期校准或维护，而以图样形式归档则相对更容易和便捷。然而，在上述机队停飞场景中，根据图样重建测试台架所需的时间可能会大幅延缓恢复进度，因此机队停飞的时间会大幅增加。如果测试台架某个原始元件已经停产——考虑到电子硬件和计算机的快速发展，这种情况很可能发生，延缓时间可能会更长，因为测试台架需要重新设计和重新构建。虽然这两种方法都能满足 DO-254 的归档和检索目标，但长期来看后者的风险会高很多。

被检索的构型项数据必须足够完整，这意味着检索到的数据必须与当初归档时的数据完全相同。因此，如果数据归档时被压缩，归档和检索过程必须确保文件的压缩格式在很长一段时间后仍受支持，或者将解压缩软件与压缩数据一起归档。同样的概念也适用于在异地数据存储设备中归档的数据，尤其是如果该设备归属另一家公司所有：应采取预防措施，确保在存储数据的公司遭受损失或破产时，数据仍会被保留并且是可检索的。

对于构型项使用的每一种存储和归档方法，应创建检索构型项的指南和流程。工作站或个人计算机上的本地存储和检索由用户维护。网络服务器可以为每个账户和该账户访问的目录建立访问许可和访问权限。电子文件管理系统具有用户登录凭据和许可。通常，电子文件管理系统会保留已签入的所有数据的副本，并在签入新版本时强制版本更新。生产数据系统通常只允许普通用户查看构型项数据的只读版本。生产数据系统允许用户访问PDF 格式的副本或其他无法修改的文件格式。在异地长期存储或归档设备中检索数据时，对于构型项应该采用更正式的请求，尤其是一些较旧的构型项，它们可能还是纸质或复印件的形式。从备份中检索数据通常是与信息服务部门一起处理的，这些请求需要有文档记录。

9.11 数据保留

数据保留活动可确保归档数据在必要时长内（一般是硬件项服役期）保存完好。现代飞机服役超过 50 年并不少见，甚至仍有相对古老的飞机（超过 75 年的机龄，如道格拉斯DC-3）在世界各地飞行。如果这样一架飞机上的某个设备能够不作修改地使用至飞机退役，那么设备厂商须归档该设备的所有生命周期数据，避免之后因该设备的设计师退休或者离世而无法重复生产该设备。

可能对于大多数电子硬件来说，这种情景并不常见，但为此策划仍然是明智之举。

数据保留的要求也可以追溯到法规中。FAR 14 CFR 21.49 规定，型号合格证持有人必须根据 FAA 或国家运输安全委员会（National Transportation Safety Board，NTSB）的要求提供用于检查的证书。14 CFR 21.41 中定义了型号合格证，包括型号设计、操作限制、证书数据手册、FAA 用于记录符合性的适用法规，以及为产品规定的其他条件或限制。14 CFR 21.31 定义了型号设计资料，包括：

（1）图样和技术规范，以及它们的列表清单。它们是定义产品的构型和设计特征所必需的，以符合适用于产品的要求。

（2）定义产品结构强度所需的尺寸、材料和工艺信息。

（3）14 CFR 23、25、26、27、29、31、33 和 35 的持续适航文件"适航限制"章节的要求或 FAA 的其他要求；以及 14 CFR 21.17（b）定义的特殊类别航空器适航要求中规定的适航标准。

（4）对于初级类飞机，如有要求，应该由经过评级和培训的飞行员完成特殊的检查和预防性维修程序。

（5）通过对比，确定同一型号后续产品的适航性、噪声特性、燃油排放和废气排放（如适用）所必需的其他资料。

总之，型号设计资料由各种数据（本例中是设计保证数据）构成，型号合格证包含了型号设计资料，且必须按要求提供，即必须按照要求提供设计保证数据。

9.12　防止未经授权的变更

防止未经授权的变更可能似曾相识，因为在讨论变更控制的第一部分已引入了该主题，其中提及应通过防止未经授权的变更来保护数据的完整性。然而，在本节，防止未经授权的变更针对的是已归档的数据，而在之前的讨论针对的是当前活动数据。虽然概念是相同的——保护数据避免未经授权的变更，以保持其完整性，但设置和过程可能略有不同。

在本书前面讨论的变更控制中，未规定必需的变更控制类型和级别，应由审定机构最终决定数据应保护的充分性和维持的时间周期。然而，对于存档中的数据和当前的数据，完整性同等重要，所以对它们实施相似的控制是讲得通的。

9.13　介质的选择、刷新和复制

防止未经授权的变更仅仅是确保归档数据完整性的一个方面；它可以防止数据在不该变更的时候被变更，但不能确保归档本身的完整性。而介质的选择、刷新和复制活动，恰恰可以保证了归档及其内容的完整性。

介质选择是选择数据归档方法的过程，例如，使用商用数据存储设备、内部网络服务器或光盘存储磁盘。每种介质都有其优势和劣势，在选择使用何种介质时，归档过程应该考虑它所有的优缺点。所选的介质应满足构型管理过程的所有目标以及适航的要求。比较特别的是数据保留问题，因为某些硬件项的数据可能需要归档几十年。

当所选归档介质的存储寿命不足以满足归档数据长期保持的要求时，介质刷新可以解决这一问题。如果选择的介质不具备长期稳定性，那么归档过程应该预料到归档刷新的必要性，这样可以减轻介质存储寿命不够带来的影响。

介质复制可确保归档数据不会由于归档介质遭破坏或者性能退化而丢失，这类似于电子硬件设计中的冗余。复制或重复归档也应保持独立性，以防止单一失效模式。换言之，应独立维护多个归档副本，以防止单一事件导致归档数据丢失。

仍须考虑的是，归档数据从某一介质迁移至下一代或后代的介质。多年前存档的是纸质的图样和文档，之后为减少存储空间使用了缩微胶片，如今的数据存储采用电子介质。介质已经逐步从软盘更新迭代到磁带、CD 盘、蓝光光盘、闪存驱动器等。在随后几年内对归档数据进行恰当的管理，可以允许这些数据在需要时都是可访问的。

参考文献

1. Code of Federal Regulations, Title 14: Aeronautics and Space, PART 21—CERTIFICATION PROCEDURES FOR PRODUCTS AND PARTS, Subpart B—Type Certificates, 21.31 Type design.

2. Code of Federal Regulations, Title 14: Aeronautics and Space, PART 21—CERTIFICATION PROCEDURES FOR PRODUCTS AND PARTS, Subpart B—Type Certificates, 21.41 Type certificate.

3. Code of Federal Regulations, Title 14: Aeronautics and Space, PART 21—CERTIFICATION PROCEDURES FOR PRODUCTS AND PARTS, Subpart B—Type Certificates, 21.49 Availability.

第 10 章 其 他 考 虑

10.1 先前开发的硬件

先前开发的硬件（previously developed hardware，PDH）和 RTCA DO–254 中第 11 章所讨论的其他内容一样，需要根据所选的审定策略确定其是否适用于某一具体项目。

如果计划复用先前开发的硬件，则可以采用 PDH。复用 PDH 有诸多缘由，但就本书而言，主要目的在于简化与减少满足 DO–254 符合性并获得最终批准所需的工作（以及相应的成本）。

大多数 PDH 有以下来源：

（1）COTS 硬件或元件。

（2）按照其他标准开发的机载硬件（例如，军用或公司标准）。

（3）在 DO–254 发布之前开发的机载硬件。

（4）先前在较低设计保证等级（DAL）下开发的机载硬件。

（5）先前为其他飞机开发的机载硬件。

（6）先前开发并批准的机载硬件，之后发生了变更。

PDH 本身可以是从整个系统到 HDL 代码片段的任何层级的硬件。大多数 PDH 为下列硬件项之一：

（1）整个系统；

（2）LRU 或设备（包括软件）；

（3）LRU 或设备（仅硬件）；

（4）整个电路板（包括软件）；

（5）整个电路板（仅硬件）；

（6）部分电路板（CCA）；

（7）整个 PLD（可编程器件和 HDL）；

（8）整个 HDL 设计；

（9）部分 HDL 设计。

当用作 PDH 时，这些硬件项可能需要修改、重设目标、升级到更高的 DAL 或以新的方式使用。此外，修改 PDH 可能需要使用新的（或升级后的）设计工具。

PDH 复用常见的应用场景如下：

（1）硬件项（LRU/ 设备、CCA 或 PLD）在不作改动的情况下复用；

（2）硬件项（LRU/ 设备、CCA 或 PLD）在修改后作为新的用途；

（3）硬件项（LRU/ 设备、CCA 或 PLD）在更新后仍用于其原始系统与应用；

（4）HDL 设计被复用在新的 PLD 设备上；

（5）在上述场景中提升 DAL。

DO-254 第 11.1 节定义了 PDH 的 4 种情况，并在 11.1.1~11.1.4 节中开展了讨论：先前开发硬件的变更（11.1.1）、在飞机上安装的变更（11.1.2）、应用或设计环境的变更（11.1.3）和设计基线的升级（11.1.4）。虽然以上各章节的讨论可单独适用于 PDH 的不同方面，但通常对于给定的 PDH 不止满足一种情况。例如，如果 PLD 是几年前为 X 型飞机开发的，那么在 Y 型飞机上使用则属于在飞机上安装的变更（11.1.2），这可能要求对 PLD 进行修改（11.1.1），需要采用更高版本的设计工具（11.1.3），升级至更高的 DAL（11.1.4），并集成到不同的电路板组件（11.1.3）。

复用 PDH 的关键在于尽可能地复用以前开发项目中获批的符合性数据。可复用的数据量将取决于被复用硬件的等级或类型：被复用的硬件越完整，可复用的数据就越多。

最好在新装置中按原样复用 LRU，因为这样可以复用先前开发项目中的所有符合性数据。如果在新装置中使用时必须修改 LRU，那么可复用数据量将减少，而新开发和验证工作量将增加。

对于 PDH 的任何使用，必须根据具体情况确定需要增加或重做的特定数据项和活动。全面指导 PDH 所有的潜在应用是不切实际的，这也是 DO-254 中未提供更多细节的原因之一。本书提供了一些额外的总结性指导，帮助读者理解 DO-254 在讨论 PDH 使用时的具体内容。

PDH 的使用策略应该包含硬件项本身、硬件数据及其与父级硬件项的接口。所有 AEH 项最终都是较高层级硬件（通常称为其父级硬件）中的元件：HDL 代码是 PLD 器件中的元件；PLD 或其他电子元件是 CCA 中的元件；CCA 是 LRU 或机箱中的元件；LRU 或机箱是其所在系统或飞机的元件。因此，当任何 AEH 项用作 PDH 时，其性能和功能在作为单个硬件项来处理的同时，还必须考虑其所处环境，即作为父级硬件项中的元件。因此，PDH 项的设计数据（需求和设计）在完整地表达 PDH 项本身之外，还必须通过需求追溯集成到其父级硬件中。验证工作不仅要确定 PDH 本身能完成预期功能，还必须满足父级硬件分配给它的所有功能，且将其安装在父级硬件中时可以正常工作。

在确定针对 PDH 及其数据所必需的工作时，应根据 DO-254 11.1.1~11.1.4 节中所定义的 PDH 场景，结合其父级系统的特定需求，对现有硬件和数据进行评估。

针对 PDH 的使用，表 10-1 总结了可以复用的典型数据以及可能要额外开展的工作。表 10-1 中的信息并不全面，仅涵盖了少数几种常见的可能性，也未提供关于 PDH 使用方式的任何指导。表 10-1 中的数据和活动只是为了加深对 DO-254 描述的 PDH 活动的理解。

使用 PDH 的策略必须在 PHAC 中声明并加以描述。分析确定现有硬件及数据和新用途的需求之间的差距。利用包括服务历史、额外的验证或逆向工程数据在内的新数据填补该差距。进行变更影响分析，考虑包括计划、需求、设计、确认、验证、实现、生产移交、构型管理和工具鉴定在内的 DO-254 和硬件生命周期所有方面的影响。变更影响分析需要包含在 PHAC 中。

同在新应用或安装中使用 PDH 时一样，必须评估 PDH 的任何更改对系统安全性评估的影响。如果系统安全性评估表明需要升级 PDH 的 DAL，则必须根据新 DAL 的要求对 PDH 及其数据进行评估。更高的 DAL 可能需要 PDH 对 DO-254 符合性的各个方面进行额外的变更，同样可能包括计划、需求、设计、确认、验证、实现、生产移交、构型管理和工具鉴定。

服务历史可以（不是必须）用来支持 PDH 的使用。

当与 FAA 讨论 PDH 时，务必考虑 FAA Order 8110.105 对 PDH 的定义。FAA Order 8110.105 规定，PDH 是指在 AC 20–152（2005 年 6 月）之前获批的机载电子硬件（简单或复杂的 PLD）。PDH 还包括在 AC 20–152（2005 年 6 月）之前获得硬件管理计划批准的简单或复杂 PLD 项目。FAA 使用术语"遗产"系统代表 AC 20–152 之前获批的系统。

表 10–1　PDH 的常见用途和典型的复用级别

PDH 活动	需求	设计数据	PDH 硬件	验证和确认数据	验证和确认活动
在新父级硬件中复用未修改的 PDH	复用 创建新父级硬件的追溯性	复用	复用	复用	验证与新父级硬件间的接口
修改 PDH 以在新父级硬件中使用	更新 创建新父级硬件的追溯性	更新	更新	为修改做更新	验证 PDH 中的新功能 验证与新父级硬件间的接口
修改 PDH 并在同一父级硬件中使用（仅更新 PDH）	更新 根据需要更新父级硬件的追溯性	更新	更新	为修改做更新	验证 PDH 中的新功能 验证父级硬件中的新功能和相关功能
升级 DAL	根据需要升级以满足新的 DAL 根据需要升级追溯性以满足新的 DAL	根据需要升级以满足新的 DAL 根据需要升级追溯性以满足新的 DAL 解决新 DAL 的工具鉴定问题	根据需要更新以满足新的 DAL	根据需要升级以满足新的 DAL 根据需要升级追溯性以满足新的 DAL	根据需要执行以满足新的 DAL 根据需要升级追溯性以满足新的 DAL 解决新 DAL 的工具鉴定问题
设计环境的变化	复用	复用 解决工具鉴定问题	可能需要新的硬件基线	复用	可能需要重新验证 PDH 可能需要重新验证与父级硬件间的接口 解决工具鉴定问题
未修改的 PDH 与新软件对接	复用	复用	复用	复用	验证所有与新软件的接口

10.2　COTS 元器件的使用

从最简单的无源元件到最复杂的集成电路，大多数机载电子硬件是由商用货架零部件组成的。事实上，几乎没有一个系统可以被认为是完全定制的。商用货架产品（COTS）的概念还扩展到这些元件的组装，如子组件、已编程的 PLD、PLD 的商业知识产权（IP）和库函数，甚至整个系统。虽然系统中的每个元件都可以是 COTS 元器件，但 DO–254 的

11.2 节规定，审定过程不涉及单个元件、模块或子组件，因为这些 COTS 元器件在其所属功能得到验证时已被涵盖。换言之，如果 AEH 硬件项得到验证，则其构成部分也被认为得到了验证。因此，大多数情况下，不必单独处理具体的 COTS 元器件。

然而，DO-254 还指出，使用 COTS 元器件的基础是在设计过程中结合电子元件管理计划（ECMP）。换言之，使用 ECMP 对建立 AEH 中使用的所有 COTS 元器件的族谱和可靠性性至关重要，因为这样可以支持如下假设——验证功能或系统，即完成了对 COTS 元器件真实性的验证。

ECMP 应满足 DO-254 的 11.2.1 节第①～⑦项的要求，可将其视为 ECMP 的目标。这 7 个目标可梳理如下：

① 确保所有元件的制造商均是具有高质量零部件生产记录的公司，且所有元件均无可疑来源。例如，假冒元件通常和正品元件难以区分，但往往会表现出较低的可靠性或性能，因此 ECMP 应确保元件都通过可靠渠道从原始制造商处采购。

② 为考虑自身声誉，元件制造商有一套高度完整性的质量控制程序，以确保所有元件的质量始终如一，并始终满足其额定规格。

③ 为 AEH 选择的每个元件都通过实际的服务经验成功地证明其质量和可靠性。换言之，ECMP 应确保所采用新元件和独特元件的可靠性已经在实际使用中得到了证明。

④ 每个元件都经过制造商的鉴定，以确保其可靠性；或者由 AEH 制造商在采购后对元件进行测试，以确保其可靠性。

⑤ 元件的质量水平由制造商控制，如果无法确定，则应由元件制造商或 AEH 制造商开展测试，以确保元件质量合格。换言之，元件制造商应测试所有元件，以确定每个元件都符合或高于其规格，若元件制造商未开展测试，则由 AEH 制造商进行测试。

⑥AEH 中每个元件须依据其是否满足或超出 AEH 中预期要求的能力（包括环境、电气和性能参数）进行选择，或者利用额外测试进行筛选，以确保所有元件都满足或超过 AEH 的需要。因此，虽说最好使用制造商标称超出 AEH 要求的部件，但也可以对规格说明较少的部件进行测试，以识别超出满足 AEH 需求规格的单个元件。

⑦ 对所有元件持续监控，快速识别失效或其他异常情况。发现任何缺陷，应反馈给元件制造商以采取纠正措施。换言之，应跟踪元件性能，特别注意失效或其他有害情况，从而能够快速识别有缺陷或不符合其额定规格的元件，以便制造商加以纠正。

除元件管理流程外，DO-254 的 11.2.2 节还讨论了与采购相关的潜在问题。采购问题不局限于简单的可用性和停产，还包括生产运行中的质量变化、以削弱设计保证的方式影响元件性能的制造、改进等问题，以及被认为复杂或需要遵守 DO-254 指南的 COTS 元器件的设计保证数据的可用性。

停产是元件采购中较为严重和普遍的问题之一。当元件制造商停产 AEH 硬件项中使用的元件时，所产生的蝴蝶效应是具有挑战性的、昂贵的、耗时的，甚至会影响系统的设计保证。信誉良好的制造商通常会提前足够的时间告知，以便于客户针对元件停产制订相应计划。可即便有充分的告知，仍然可能会有显著影响。关于如何处理元件停产几乎没有官方指导，但常识表明 ECMP 应该（除 DO-254 的 11.2.1 节中的①～⑦项外）对停产保持警惕，并在选择元件之前和 AEH 进入生产之后向制造商询问元件的长期可用性。

众所周知，集成电路（integrated circuit，IC）可度量的性能变化不仅取决于它们是何时制造的，甚至取决于硅晶圆上每个晶片的位置。所以制造商应根据每个元件晶片的性能对其进行分类，以确保标识特定件号的元件都符合元件数据手册中规定的担保性能。因此，虽然性能的变化被列为元件管理的关注点，但缓解这一现象并不完全是依赖元件管理问题，而主要是设计问题。设计人员应确保只要所使用元件在数据手册指定的性能范围内，电子设计都能够正常工作。

对于件号相同但生产日期不同的集成电路（IC）来说，性能上表现出显著的不同也很常见，常常伴随着性能的提升。造成这种变化的一个常见原因是半导体器件中特征尺寸的缩小，这通常会导致速度和性能的提高。然而，性能的提升使得器件在设计中表现得过于优秀，使得在使用先前器件时本不会出现的不稳定或其他异常现象也变得很常见。

对于一些更复杂的 COTS 元器件，如组件或预先编程的 PLD，如果制造商不提供或不能提供硬件数据，可能会引起审定机构的担忧，同时导致设计保证数据不足。AEH 设计师在设计中使用此类 COTS 元器件时应考虑这种可能性。同样的问题也存在于受 HDL 数字器件领域欢迎的 COTS IP 核。IP 核极具诱惑，因为这相当于购买为 PLD 预先设计的复杂功能，但是在获取 IP 核时以及在决定使用 IP 核之前，应仔细考虑其可用性以及如何产生设计保证数据。如果无法获得设计保证数据，则必须对其进行逆向工程，以满足 DO-254 和其他合格审定指南的设计保证目标。

DO-254 没有对 COTS 元件的使用提供完整的指导。如果在编制 ECMP 时需要进一步的指导，可以使用国际电工委员会的文件 IEC TS 62239《航空电子设备过程管理电子元件管理计划的编制》作为指南。

10.3　产品服务经验

产品服务经验通过利用元件或机载电子硬件在实际使用中的累积时间来记录服务时长，并使用该数据证明硬件是安全的且满足 DO-254 目标。服务经验可以用来补充甚至完全满足 COTS 设备或先前开发硬件的 DO-254 目标。在这两种情况下，服务经验的使用都是可选项；如果服务经验可用，则可以使用服务经验，但这并不是满足 DO-254 目标所必需的。若计划使用服务经验，必须与审定机构协调，并在 PHAC 中加以说明。

使用服务经验要求记录硬件当前及先前的使用情况。必须记录多少时长并非完全标准化的，与审定的许多其他方面一样，审定机构会根据具体情况对其进行评估，因此必须尽早并经常就其使用情况与审定机构进行沟通。服务经验不局限于航空航天领域的应用，但逻辑上讲，服务经验离预期应用越近，经验的相关性越强，所带来的置信度也就越高。服务经验的相关性是在确定其可接受性时要评估的因素之一。

服务经验的相关性和可接受性取决于以下 4 个准则：

① 服务经验与预期用途的相关性，由其应用、功能、操作环境和设计保证级别定义。服务经验与预期用途越相似，服务经验的相关性越强，因此数据就越可能被接受。

② 累积服务经验的硬件是否与预期应用的版本和构型相同。如果不同，那么可能更难证明使用服务经验的合理性或者可能需要额外的分析来证明其合理性。

③ 在历史服务期间是否出现过设计错误，如果有，这些错误是否得到了妥善的处理。

每个错误的处理可以通过消除、减轻错误的影响或通过分析表明错误不影响安全的方式来实现。

④ 历史服务期间该硬件项的失效率。

上述准则通过 4 种评估服务经验数据的活动来满足，换言之，应执行以下 4 项活动来确定服务经验是否充分满足 4 项准则：

① 对硬件项服务历史的应用、安装和环境进行工程分析，以评估服务历史与预期用途的相关性。此分析可以查看各种各样的数据，包括规范、数据手册、应用说明、服务公告、用户通信和勘误表通知，以确定服务历史记录的相关性。

② 评估硬件项的预期用途，以确定其对新应用的安全性评估过程的影响。如果在历史服务期间发现了设计错误，此评估应包括可用于减轻错误影响的方法（如果适用）。

③ 如果存在设计错误，应评估错误的统计数据及其对安全性评估过程的影响。如果没有统计数字，可以对错误的影响进行定性评估。

④ 评估服役期间硬件项的问题报告，以识别所有已知的错误以及这些错误的处置方式。虽然在服役期间纠正所发现的错误是首选方案，但只要遗留的错误得到缓解或被证明不影响硬件项的设计保证，服务经验仍然可以被采用。错误的缓解可以通过新应用的架构来实现或者通过额外的验证来表明错误不会在新应用中引起问题。

一旦对历史服务数据进行了评估，并认为其足以建立或补充硬件项在其预期用途上的设计保证，则应记录该数据及其评估过程以支持设计保证。服务经验评估数据应包括以下内容：

① 确定硬件项及其在新应用中的预期功能，包括其 DAL。如果硬件项是 A 级或 B 级功能中的元件，则应说明如何满足 DO-254 附录 A 中的附加设计保证策略，例如，使用架构缓解、额外的或高级的验证，以建立必要的设计保证。

② 应描述用于收集和评估服务经验数据的过程，以及用于评估该数据是否充分和有效的准则。

③ 应记录服务经验数据。此数据应包括所评估的服务历史数据、相关的变更历史、数据分析中使用的假设以及分析结果的总结。

④ 解释服务历史为何足够确立或补充（如适用）硬件项在其新的用途和 DAL 中的设计保证。

实际上，服务历史应该基于具备相同件号和版本的相同元件。服务时长应与设计保证等级要求的失效概率相称。具有数百万小时服务经验的 PLD 适用于设计保证等级 A 和 B 级的应用。数千小时的服务经验无法为 DO-254 的符合性带来太高的置信度。当飞行器尚未取证的情况下，飞行试验项目的服务经验不适合证明对 DO-254 的符合性。

10.4　工具评估和鉴定

工具评估和鉴定是 DO-254 中易被误解的方面之一。对于那些不了解情况的人来说，常常认为用于设计符合 DO-254 的 A 级硬件的设计工具必须是"特殊的"。总体而言，好消息是不需要特殊工具，但是避免使用"特殊"工具的前提是必须做些额外的工作。

　　对于工具，DO–254 所述方法的基本原则（通常，"工具"指基于计算机的设计和验证软件，或电子实验室中使用的电子测量工具，不是车间的机械手工具）是没有工具可以信任，除非它已经通过某种方式被证明当给定正确的输入时，总是产生正确的输出。有很多方法可以满足证明工具输出正确的需求，幸运的是，大多数方法都不要求工具是"特殊的"。

　　证明工具产生正确输出的基本方法有两种：第一种方法是在工具被用来证明在其使用条件下会产生正确输出之前，对其进行全面测试和分析，也就是所谓的工具鉴定；第二种方法是首先使用该工具，然后测试其输出，独立地证明其输出对于给定的输入是正确的，这便是验证。从长远来看，这两种方法虽然会产生相同的结果，但对它们的使用有着不同的考虑。

　　鉴定设计工具需要该工具的置信度符合它所产生硬件的 DAL。一般来说，这意味着对工具输出的保证至少与最终硬件项一样高，因此对于 A 级硬件，设计工具必须具有与其生成的 A 级硬件相同的完整性级别。对于大多数硬件设计工具来说，这是一项艰巨的任务，特别是对于 PLD 设计工具，例如，综合工具，因为它们具有较大的复杂性，并存在由于改变 HDL 逻辑而引入失效模式的倾向（见本书第 6 章）。

　　对工具鉴定的好处在于，工具输出是可信的，因此可以避免进一步的检查。对于设计工具，这意味着不必验证工具的输出，因为鉴定过程本质上验证了工具。鉴定（即验证）工具或验证工具的输出都需要大量的精力和时间；所采取的路径取决于项目的需要，并且在这之前应彻底分析"比较效益"，包括近期和长期效益。由于工具鉴定是永久性的，一旦鉴定合格，相应的版本和配置就可以用于多个项目。在评估鉴定长期效益时，应考虑工具在未来的使用。

　　对工具进行鉴定的缺点在于，对某些工具而言，可能要耗费巨大的鉴定成本，通常会超过验证其输出的成本和时间。对于不会用在当前项目之外的工具，对其输出的验证可能是最有效的选择。在权衡工具鉴定的成本与效益时，另一个考虑因素是，如果管理与记录得当，可以在未来利用对工具输出验证的记录，作为工具在未来使用时满足部分或全部鉴定准则的手段。因此，如果知道该工具将用于未来的项目，则可以记录其为一个项目输出的独立评估，用于支持该工具对未来项目的鉴定，甚至对原项目在未来演变时的鉴定。

　　工具分为两类：设计工具，用于生成硬件设计；验证工具，用于验证设计。还有一种验证工具的子类型，通常称为验证覆盖工具，与元素分析一起用于评估验证测试的完成情况，或者说，用于度量验证过程对设计的各个元素进行测试的程度。

　　设计工具包括用于将 HDL 设计转换为 PLD 编程文件的综合工具、布局工具和布线工具，或用于电路板设计的原理图捕获工具和电路板布局工具。验证工具包括用于对 PLD 的源代码和布局布线后模型进行形式化仿真验证的 HDL 模拟器，用于对 LRU 进行硬件测试的自动测试台或用于白盒验证和测试的逻辑分析仪和示波器。代码覆盖分析工具是验证覆盖工具的一种，在仿真期间用于度量仿真中每一行 HDL 源代码执行的彻底程度。

　　设计工具的鉴定最为严格，因为它们有机会向设计中引入错误。因此工具中存在的缺陷很可能导致设计错误，从而降低设计保证。对于验证工具的处理则较为宽松，因为它们最坏的情况也就是不能检测到设计中的错误。验证工具不会将错误引入设计，而设计错误的漏检测需要将验证工具的缺陷与具体类型的设计错误绑定，因此验证工具中的缺陷导致设计保证降低的可能性比设计工具低得多。

对覆盖分析工具的处理最为宽松，它们不需要评估或鉴定，因为它们不会实质性降低硬件的设计保证，它们所做的仅仅是评估验证过程对设计的覆盖程度。

工具鉴定的要点归纳如下。

（1）在满足下列任一条件的情况下，设计工具不必鉴定：

① 其输出经过独立评估；

② 用于 D 或 E 级设计。

（2）在满足下列任一条件的情况下，验证工具不必鉴定：

① 其输出经过独立评估；

② 用于 C、D 或 E 级验证；

③ 仅用于度量验证完成情况。

请注意，对于实验室验证工具，如逻辑分析仪、示波器、函数发生器和随处可见的手持式仪表，只要它们的校准日期仍在有效期内，并且经过测试确认能够正确测量预期的信号类型，那么它们通常不需要正式的鉴定。校准和测试，加上工具的广泛使用，通常足以作为对其输出的独立评估。

自动测试台是否需要鉴定，取决于它独自做了多少工作。简单测量和记录输入、输出信号的测试台，数据通过人工进行评审，一般可通过有限次的测试来证明它们能正确测量和记录待测信号，就像其他实验室验证工具一样。如果该自动测试台还评估分析所测量的信号并独立判断通过 / 不通过的结果，则需要进行鉴定。

DO–254 中图 11–1 是工具评估和鉴定的流程图。在 11.4.1 节中对流程图中的每个区块都有相应段落描述了其需要进行的活动。大多数区块及其文本描述都很容易理解，并且或多或少是自我解释的，但是与过程的每个阶段相关联的活动仍然值得讨论。工具评估和鉴定过程中的所有信息应记录在工具评估与鉴定数据中，如有必要，这些数据应记录在报告中。

该过程的第一步是识别工具，这意味着工具名称、型号、版本、制造商和主机环境（计算机和操作系统的类型）应记录在工具评估与鉴定数据中。

第二步是识别工具支持的过程，即应根据工具的具体应用场景将工具标识为设计工具或验证工具。例如，一个综合工具只在 PLD 设计过程的综合阶段使用，而一个布局布线工具只在 PLD 设计过程的布局阶段使用，因此两者都将被归类为设计工具。在某些情况下，工具可用于设计和验证；在这种情况下，应针对每种用途对工具分别讨论。此活动中应定义工具的正确和错误使用方式，例如，确定该工具的使用范围；比如，如果一个工具既能综合 HDL 代码，又能布局布线，但使用的方式是将布局布线功能与第三方综合工具结合使用，此时必须明确该工具中的哪些功能将被使用。同样，如果工具的功能有限，因此只能执行某些功能，那么这些限制也应记录在案。最后，应识别并记录该工具将产生的输出（例如，综合工具输出的 HDL 网表、布局布线工具输出的编程文件、原理图捕获工具输出的原理图、仿真工具输出的波形、运行自检测试平台的模拟器输出的文本日志文件等）。以上的所有信息应被记录在工具评估与鉴定数据中。

该步骤中收集的信息与工具鉴定过程中需要执行的活动有直接关系。确定工具的使用方式将确定工具为设计工具还是验证工具，这将影响工具评估和鉴定过程中对工具的处理。确定工具的角色和范围将确定该过程中所需的评估和鉴定范围。识别工具的输出将定义验证工具的输出或鉴定工具时必须实施的相关活动。

一旦这些信息被记录在案，第三步将确定是否独立评估工具的输出。对于大多数项目来说，这是工具鉴定过程中最重要的一步，因为可以通过独立评估工具的输出来避免工具鉴定。对于一个设计工具，可以通过硬件的独立验证来评估工具的输出。对于验证工具，可以通过手动审查输出或通过比较相似工具的输出（也需要手动完成）来完成评估。

对于 PLD 设计，HDL 文本编辑器（有时让工程师感到惊讶的是，文本编辑器被认为是一个设计工具，但作为创建 HDL 设计的主要手段，它肯定是合格的）的输出由 HDL 文本文件组成，这些文件在 HDL 代码审查期间被独立评估，因此不需要对该工具采取进一步的操作。综合工具生成 HDL 网表，描述经过简化和优化的逻辑，当手动查看时，HDL 网表是非常不易理解的，因此评估综合工具的输出没有实际意义。同样，作为布局布线工具，输出的编程文件也没有可读性，它除了作为 PLD 编程器的输入之外没有其他意义，因此评估它的输出也毫无意义。有一些设计等效性检查工具可以将 HDL 与网表进行比较，并验证它们表达的功能相同，但是如果这些工具被用作正式评估过程的一部分，那么它们也必须进行工具鉴定。因此从长远来看，使用它们可能不具备成本效益。无法独立评估综合工具和布局布线工具的输出，似乎是评估其输出和免除其鉴定的拦路虎。然而，DO-254 解决了这一难题，它指出，如果对完成的设计进行的独立验证表明设计符合其预期功能，那么可以认为创建设计的工具链正常工作。因此，即使每个工具的输出都没有单独评估，但实际上 PLD 设计工具链中的所有工具（综合工具、布局布线工具、器件编程器，甚至文本编辑器）都同时被验证过程覆盖。在这种情况下，甚至不需要设计等效性检查工具，因为如果成品（已编程的 PLD）被验证并证明是正确的，HDL 与综合网表之间的等效性实际上是无关紧要的。这种工具可以非正式地使用，以增强综合工具性能的置信度，应鼓励为此目的使用这种工具，但作为工具评估和鉴定过程中的一个正式步骤，这种工具则不是必需的。当设计等效性检查工具用于重新安置设计的实现载体或将 FPGA 转换为 ASIC 的时，则应对它们进行评估。

DO-254 中定义的设计和验证过程包含必要的过程和活动可消除对设计工具进行鉴定的需要。因此，对于所有项目，设计工具鉴定将是一项由额外项目因素驱动的可选任务，如工具未来的使用（见前所述）。

另一方面，验证工具不容易被评估。验证活动和验证工具通常在规避设计工具鉴定上发挥很大的作用，验证跟随设计并为设计工具提供评估，可是没有跟随验证来为验证工具提供相同服务的过程。验证工具的评估必须作为验证过程的一部分或作为独立于设计和验证过程的单独活动来开展。

DO-254 就如何评估验证工具的输出提供了两条建议：手动审查工具输出或将工具输出与同等（但非相似）工具的输出进行比较。对于第一点建议，即手动审查工具的输出，如根据硬件在线测试期间捕获的波形，手动检查来自 PLD 仿真的波形。对于第二点建议，即比较工具的输出与来自同等非相似工具的等效输出，比如，使用两个不同的仿真器运行相同的 PLD 仿真集并比较波形。

如前几段所述，若对工具的输出进行了独立评估，则无须采取进一步行动。工具评估，包括评估的基本原理和结果，应作为工具评估与鉴定数据的一部分被记录。

如果工具的输出未经独立评估，则工具评估和鉴定过程的第四步是确定工具所支持功能的设计保证等级。如果该工具是 D 或 E 级设计工具，C 级、D 级或 E 级验证工具，或用于度量验证完成情况，则无须评估或鉴定。如果工具是 A 级、B 级或 C 级设计工具，或 A 级或 B 级验证工具，则需要进行额外的评估。根据其功能和 DAL 对工具进行处置并记录在工具评估与鉴定数据中。

在该过程的第五步中，对于输出未经独立评估的 A 级、B 级、C 级设计工具和 A 级、B 级验证工具，如果它们有大量的相关历史记录，则可以避免进一步的评估和鉴定。相关历史是工具鉴定极具吸引的替代，或者在某些情况下，根据工具的不同，可以被用于替代部分甚至全部工具鉴定的工作。然而，与此同时，DO-254 中没有明确定义采用相关历史记录的准则。DO-254 表明，如果能够证明该工具以前已经使用过，并产生了可接受的结果，则无须进一步评估（或者假设在当前阶段，工具尚未进行评估，DO-254 实际上表明已无须进行进一步的评估了）。本指南有些模棱两可（但无可厚非），因为它不包括构成相关历史的可量化标准，这将决定权交给审定机构。反过来，FAA Order 8110.105 修订 1 中第 4~6 节为审定机构提供了关于如何断定相关历史的指导，虽然该指导比 DO-254 更为具体，但它仍将可接受性的决定权留给审定机构。

根据 DO-254 和 FAA Order 8110.105 修订版（1），如果要使用相关历史记录，则应符合以下准则：

（1）工具历史记录可以来自机载或非机载用途。

（2）工具历史记录必须有证明其相关性和可信度的数据。

（3）工具历史的合理性说明应包括工具历史与建议的工具用法的相关性讨论。本文中的"相关性"是指工具的使用方式、设计或验证的硬件的 DAL、生成或测量的数据类型以及所使用工具的特定功能。

（4）工具历史记录应证明工具产生的结果正确。

（5）工具历史的使用应在项目 PHAC 中加以说明。

（6）应在项目早期阐明使用工具历史的合理性。

如果声明采用了相关历史记录，工具评估与鉴定数据应包含一份关于历史记录如何满足上述标准的全面论证。任何工具的使用都可以作为未来的相关历史，因此，如果某个工具有可能再次用于类似的项目，则应仔细记录当前使用的详细信息，如同已确定其作为历史记录的一部分一样。创建文档只需很少的时间，但是可以为今后的项目节省大量的精力或为同一个项目后续演化中的设计变更节省大量的精力。

如果相关的历史记录不可用或被声明不予采用，则必须对工具开展鉴定过程，如 DO-254 中工具评估和鉴定过程的步骤 6 所述，首先为工具建立基线，并为工具及其鉴定建立问题报告系统。这意味着工具的特定版本和构型应该放在构型管理系统中，并像处理其他构型管理数据一样进行管理，包括分配明确的构型标识。该信息应记录在工具评估与鉴定数据中。

一旦工具被基线化，应执行"基础"工具鉴定。这个活动本质上是根据工具文档（如用户手册）中的性能和功能来测试该工具。这需要产生并执行一个基础的工具鉴定计划和程序，使用工具文档中的功能和性能作为需要验证的需求。该信息应记录在工具评估与鉴定数据中。此外，如果用于实际设计或验证活动的工具与已基线化且鉴定过的工具不同，则工具评估与鉴定数据必须包括使用不同版本的原因，并提供数据以阐明其可被接受的理由。例如，如果 HDL 仿真器在验证开始之前已被鉴定，然后发现已鉴定的版本不能用于正式的仿真，但是下一个版本可以，则必须证明在不重复鉴定的情况下使用新版本是合理的。例如，两个版本之间的变更修复了早期版本使用的问题，但没有影响该工具的任何能力与功能，并且包含了工具制造商指出所有更改的勘误表。工具评估与鉴定数据应包括基础工具鉴定计划、已验证的工具需求和验证它们的测试规程、鉴定结果、鉴定期间如何保持独立性以及对支持鉴定结论的测试结果的说明。

　　基础鉴定是所有验证工具和 C 级设计工具的工具鉴定工作，而 A 级和 B 级设计工具必须遵循"完整"的工具鉴定程序。由于这类工具的可变性以及每种工具的独特性，DO-254 没有提供关于这类工具鉴定的指导，而是为申请人指明了该过程如何实施的常规方向。作为起点，建议使用 DO-254 附录 B 中的指南和 DO-178 中的工具鉴定指南，以及审定机构可接受的其他方法。因此，从实用的角度来说，如果申请人想要尝试鉴定设计工具，那么这几乎是一个开放的领域，所有的条款、条件和需求都必须与相关的审定机构协商。

　　这种类型的工具鉴定鲜有尝试，而且大多数情况下，不是一种经济有效的途径。然而，如果要鉴定设计工具，将需要一个高度形式化和结构化的鉴定过程，包括其附带的计划、规程、报告、分析、追溯性、问题报告等，基本上与正式验证中执行和记录的工作量相同。鉴定过程的严苛度将部分取决于工具的性质，正比于硬件的设计保证等级。设计工具的鉴定工作还可能需要工具制造商的积极参与，包括获取制造商可能不愿意提供的专有设计信息。工具完成总结可用来记录工具鉴定的结果。

　　基础和完整的工具鉴定都不一定需要验证工具的所有功能，可以将范围限制在将要使用的功能上。例如，鉴定一个综合工具，若它将只用于综合 VHDL，那么不必鉴定该工具的 Verilog 综合功能。同样，如果仿真器可以仿真 VHDL 和 Verilog，但仅用到 Verilog 仿真，基础鉴定（或相关的工具历史）只需要覆盖其 Verilog 功能。

　　总之，设计工具鉴定最常用的方法是采用形式化验证替代工具鉴定。评估验证仿真工具输出的最常用选项（对于 A 级和 B 级硬件）是：

　　（1）执行基础工具鉴定。

　　（2）使用相关历史记录（如果可用）。

　　（3）在两个不同的仿真器上仿真，比较结果，并解释差异。

　　（4）在仿真和在线硬件测试中使用相同的测试用例（输入和预期结果）比较仿真和电气试验的结果，并解释差异。

　　（5）同样，可以在 PHAC 中提出其他方法供审定机构考虑。

　　表 10-2 根据工具类型、DAL、独立输出评估和可接受的相关历史记录，概括了可能的工具鉴定情景。

表 10–2 工具鉴定情景

工具	DAL	输出被评估	相关历史	鉴定
设计	所有	是	不用考虑	不需要
验证	所有	是	不用考虑	不需要
设计	A、B	否	无	设计工具鉴定
设计	A、B	否	有	不需要
设计	C	否	无	基础鉴定
设计	C	否	有	不需要
设计	D、E	不用考虑	不用考虑	不需要
验证	A、B	否	无	基础鉴定
验证	A、B	否	有	不需要
验证	C、D、E	不用考虑	不用考虑	不需要
验证完成度	不用考虑	不用考虑	不用考虑	不需要

第11章 总 结

电视上经常出现这样的画面——警察告诉嫌疑犯：合作从宽，抗拒从严，这同样适用于 DO-254 的符合性。经验表明，要做到符合 DO-254，最简单的方法无非是通过合作、努力去学习、调整与遵守，而不是为了尽可能避免符合 DO-254 而去抵制和寻找漏洞。事实上，永久规避 DO-254 的追求是颇为讽刺的，因为相比于采纳与遵守，规避 DO-254 可能会耗费更多的时间和精力。

采取困难还是容易的方式是所有机载电子硬件（AEH）开发人员须面临的选择。最终基于决策组织的特定考虑做出选择。无论选择什么，都不存在对错，它只反映出组织想遵循的路径，而对错是根据工作效果来判断的。某些选择会比其他选择更有效，虽然选择容易的方式可能是更好的方法，但这不是唯一的，也不一定是"正确的"方法。

如本书导论所述，DO-254 是 AEH 行业（特别是以生产世界上最高质量和最安全的飞机而闻名的公司）采用的久经检验的工程最佳实践的总结。因此，它包含了大量的有用信息，从长远看，这些信息可以减少问题，进而降低风险，甚至降低总体成本。了解和使用 DO-254 中的流程，尤其对那些希望改进其工程过程和企业文化的公司和 / 或想进入 AEH 市场的公司是有价值的，甚至这些公司最好使用 DO-254 作为如何创建高完整性工程文化的教科书。尝试独立学习类似的技能要比简单地接受 DO-254 和学习它所提供的东西困难得多，也费时得多。

DO-254 的大部分内容是基础工程知识。例如，第 5 章中的设计过程一直是工程师基础工具箱的一部分。它既不新颖也不神秘，但时间已经证明它是开展设计工作的最佳方式。所以即使可能是常识，但它仍然是业界的最佳实践之一，因而被恰如其分地编入 DO-254。除此以外，DO-254 也涵盖了一些其他的技术，包括附录 B 中的大部分内容，这些技术更加深奥甚至晦涩难懂，但它们也有助于提高系统或元件的设计保证水平，因此它们理应被写入 DO-254。归根结底，DO-254 在支持设计保证方面起了很大的作用。

如果 DO-254 有任何缺点，那么最主要的也许就是它对设计和验证过程的关键——需求的依赖。或者更确切地说，依赖需求并不是缺点，因为设计和验证对需求的使用是表达、实现和验证功能最有效和可靠的方法之一。只有当设计和验证过程基于低质量需求开展时，才会出现缺点。需求是 DO-254 过程的输入，因此使用低质量的需求会（而不是可能）削弱和破坏输出（电子硬件）的完整性。具有讽刺意味的是，在许多工程环境中，需求是最薄弱、管理最差的部分，同时也是最难改进的部分。如果有一个完美的例子可以证明坏的习惯很难被改掉，那么不好的需求实践将一直是这个头衔的主要竞争者。

因此，如果 DO-254 设计和验证过程的关键是好的需求，那么只有确保需求的高质量才是符合逻辑的。然而，DO-254 没有提供最适合其过程的高质量需求特性的详细指导，只说明了需求应定义电子硬件的预期功能。本书在需求和验证章节中试图描述从预期功能到优化需求的转变。虽然这些章节介绍了需求如何与 DO-254 配合使用而不是对抗，但是它们并不能提供非常详细的处理方法，使工程师能够了解关于 DO-254 的所有知识。需要一本相关书籍指导如何充分处理需求，以帮助掌握这些需求技术，但是无论如何，都超出了本书的范围：尽管需求的特性对 DO-254 中的过程至关重要，但实际上它们不在 DO-254 的范围内，而是作为补充指导被写进 DO-254 中，这份指导可以为从业者节省大量的金钱和时间，减少挫败感，还可以帮助理解 DO-254 中的过程是如何进行的。

DO-254 的内容反映了那些有效、高效且富有成效的设计实践具备的特征。

（1）计划项目的所有方面，以确保：

① 最小化风险。

② 构建正确的产品，并按时交付。

③ 与客户就"做什么"达成一致。

④ 与审定机构就项目和产品达成一致。

（2）使用设计过程：

① 使用独立的评审来揭示尽可能多的错误。

② 从上至下系统地分解功能，并将其记录在附加需求和追溯性中。

③ 根据文档化的需求进行设计，这样每个人都能就电子硬件的要求达成一致。

④ 确认需求是正确的。

⑤ 通过在设计过程的多个阶段确认设计是否正确进行，尽早发现错误。

⑥ 将设计与其需求进行比较，以确保设计满足其所有需求。

（3）使用验证过程，执行以下操作：

① 通过将设计与用于创建设计的同一组需求进行比较，确认设计是正确的。

② 确认设计完成了应做的事，而不是完成设计要做的事。

③ 开展设计测试，记录测试过程并保证测试的可复现性。

④ 确认设计已被完全验证。

（4）控制设计及其数据，以确保：

① 每个数据项的每个版本都被跟踪和保护。

② 所有数据都不会被错误标识或丢失。

③ 任何人都不能擅自更改。

④ 记录每一个问题并跟踪到结束。

（5）监控项目，确保每个人都遵守规则，不走可能有破坏性的捷径。

（6）尽可能重复使用先前设计的电子硬件，以降低成本和风险。

（7）管理电子元件，以最大限度地降低过时和不可靠供应商带来的风险。

（8）确保工具始终产生正确的输出。

这些特征揭示了最常见的错误来源，并尽可能地尝试处理它们。

正确的计划对于识别和减少风险源至关重要。对于 AEH 项目而言，解决与技术和安全相关的风险（另一种描述设计保证的方法）尤为重要，这也正是 DO-254 符合性的真正意义所在。此外，它还为飞机制造商和审定机构提供了整个项目的透明度，以便他们知道，AEH 的开发、测试和制造方式不仅能生产出高完整性和高可靠性的电子硬件，而且在各个方面都符合审定基础。在计划过程中编写计划和标准并不是为了满足 DO-254 目标；计划过程提供的早期透明度对于在 AEH 供应商、飞机制造商和审定机构之间建立信任至关重要。这些计划还确立了三方关于将要执行任务和所有期望的协议，以防止任何一方偏离太远。因此，从 AEH 供应商的角度来看，计划和标准应作为一项合同来处理，限制客户或监管机构增加额外的设计保证负担或改变他们对项目如何执行的想法。换而言之，若以正确的眼光看待计划过程，该过程将会是 AEH 供应商的好搭档，而不应被拖延。

当首次面对结构化设计过程时，工程师们有时会反对，但一旦他们看到了这些好处，大多数人最终都会改变想法。工程师的传统形象似乎与最初不愿接受设计过程的形象不符，因为逻辑思维常常寻求结构和顺序，而这正是设计过程提供的。然而，在没有设计过程限制的情况下，设计硬件看起来更像是一种乐趣（而不是工作）。问题是，设计 AEH 是一个非常严肃的事情，可以在正确的氛围中变得很有趣，但不是一个在正确的氛围中创造严肃 AEH 设计的有趣事情。两者的不同点在于重点放在哪里，正确的重点是 AEH 设计，而不是创造它的乐趣。这并不意味着设计 AEH 不能是一个令人满意和充实的经历，对大多数工程师来说它是令人满意和充实的，但它确实意味着 AEH 的安全性应该是优先的，并且是设计过程的基础。

与 DO-254 符合性的其他方面一样，遵循结构化设计过程是一种生活方式的选择，可以根据选择使事情变得更容易或更难。此外，遵循设计过程的方式可以使过程变得更加容易或困难。本书包括如何尽可能简单遵守 DO-254 的指导。

（1）提前计划；

（2）按预定的方式和顺序执行活动；

（3）将活动（例如，同时执行需求捕获、功能分解和追溯性）结合起来，以减少不必要的返工，并使所有活动尽可能有效；

（4）投入大量精力编写需求，这些需求将提供高度完整的功能表达，并尽可能与 DO-254 中的流程协调一致；

（5）采用有效的验证，但仍然注重创造一个不需要验证的高质量设计（换言之，不要把验证作为一种安全网，在假设出现任何错误时，验证过程会发现错误的情况下，略过设计）；

（6）不要把 DO-254 中的流程作为单独的活动来处理，而是从更高的角度来处理，在这个角度上，它们变成了一个相互关联、相互作用流程的统一网络；

（7）使用高度完整的设计理念，重点是防止潜在错误（通过设计实践进行设计保证）；

（8）对构型管理的重视始终如一。

验证过程有时被认为不如设计过程。将验证视为一种外围活动是很有吸引力的，因为它必须完成而不是应该完成，并使它与设计完全分离。设计和验证分离，虽然从独立性的角度来看是好的，但如果相隔太远，可能会带来不利影响。独立性并不要求分离；事实上，设计和验证活动之间的密切合作、沟通和同步远比在它们之间筑墙更有效。

验证应作为设计的伙伴，应尽可能彻底开展。将验证最少化可能是一种诱惑，因为即使按照本书中提供的指导进行优化，验证也可能是耗时的和成本昂贵的。但是当试图简化验证时，必须考虑到这样一个事实——每一项硬件都将以某种方式得到完全验证：未在实验室进行测试的硬件最终将在飞机上进行测试。由于实验室未验证的内容将在飞行中验证，只有在充分考虑发现服务错误的潜在影响（包括灾难性失效的潜在影响）后，才能回答验证多少这一问题。没有验证程序能够找到所有可能的失效机制，但是程序常常在最模糊的测试条件下（即健壮性验证）找到它们最关注和潜在的严重失效源。讽刺的是，这些测试条件常常被视为效率最低、最容易被抛弃的。

构型管理并不是最吸引人或最有趣的过程，但它在 AEH 的设计、测试和生产过程中发挥了重要作用，尽可能避免错误。没有构型管理，出现严重错误的概率会大得多。过程保证可能在后台运行，但它对设计保证的影响可能是深远的。

复用先前开发的硬件是一个很好的业务模型，可以以较低的成本获得较高设计保证等级、高质量硬件。无论从业务、设计保证还是审定角度来看，这都是很理想的选择，因此应该尽可能复用硬件。

DO–254 总共有 34 个目标，要满足这些目标才算遵守 DO–254 提供的指导。依据需求进行设计是 34 个目标之一。考虑一下其中的含义：DO–254 中有 1/34（2.94%）的目标与工程师在设计电子硬件方面所受的培训、教育和经验一致，其他 33/34（超过 97%）的目标涉及计划、管理、标准化、确认和验证需求、设计和相关数据。因此，DO–254 的绝大多数目标关注点不是设计。我们有责任学习、发展和重视设计保证其他方面所需的技能，这些技能与工程设计技能本身一样重要。

任何一个过程都不能消除所有的错误，也不能完全堵塞所有的错误源。但是，对一些常见错误源采取对策，仍然可以消除错误，显著提高产品的设计保证，进而确保飞机上的 AEH 尽可能安全。

最后，这就是我们所理解的 DO–254 的全部内容。